Glücklich mit Hund

Hoffentlich sind auch
Sie (bald?) „glücklich
mit Hund"!

Herzlichst
Claudia Ludwig

DR. CLAUDIA LUDWIG

Glücklich mit Hund

Expertenrat
der bekannten
TV-Moderatorin

Was Sie in diesem Buch finden

Was spricht für einen Hund?

Erstaunlich viele Menschen hätten sehr gerne einen Hund, können sich aber aus den verschiedensten Gründen nicht dazu durchringen, sich einen anzuschaffen. Natürlich sind viele Bedenken durchaus berechtigt und ehrenwert, aber wer sich wirklich sehnlichst einen vierbeinigen Gefährten wünscht, der sollte abwägen, was dafür spricht und was dagegen, der sollte nicht einfach verzichten, sondern Lösungen suchen. Und genau dabei soll dieses Buch helfen. Es ist ein optimistisches Buch, das »Ja« zum Hund sagt, Mut machen und viele Tipps geben möchte. Tatsächlich machen sich eine Menge Tierfreunde fast zu viele Gedanken und Sorgen, wenn es darum geht, ob ein Hund bei ihnen einziehen darf oder nicht. Im Vordergrund steht dabei die selbstkritische Frage, inwieweit man den Ansprüchen eines Hundes überhaupt gerecht werden kann. Dabei werden die Bedürfnisse eines Hundes häufig verallgemeinert, was völlig an der Realität vorbeigeht. Die Bedürfnisse eines Hundes sind so unterschiedlich wie die Hunde selbst. Das fängt

Hunde machen glücklich. Tierfreunden geht das Herz auf, wenn sie sehen, dass ihr Freund Spaß hat.

schon mit den Altersunterschieden an: Vom wilden Welpen bis zum altersweisen Senior findet man alle Zwischenstufen. Doch auch die sind wiederum völlig individuell. Da gibt es den rüstigen Terrier(mix), der offensichtlich kein Alter und Altern kennt. Ich bezeichne diese Spezies gerne als »den Johannes Heesters« unter den Hunden. Es gibt aber auch die gemütlichen Temperamente, die schon in jungen Jahren gerne ihre Ruhe haben und durchaus mit einem kürzeren Spaziergang zufrieden sind.

Das Erfolgsgeheimnis liegt schlichtweg darin, den *richtigen* Hund für die jeweilige Lebenssituation zu finden. Das allein ist die Basis gemeinsamen Glücks, das je nach Alter der Beteiligten moglichst viele Jahre anhalten soll. Gestresste ManagerInnen, für die Überstunden und häufige Dienstreisen zum Alltag gehören, sollten sich nicht gerade für eine hyperaktive, schwer erziehbare Sportskanone entscheiden, sondern für einen netten, älteren vernünftigen Mischling, der vielleicht sogar mit ins Büro darf und dort für gute Stimmung sorgt, aber dabei so bescheiden und anpassungsfähig auftritt, dass sich gleich mehrere Kollegen darum streiten, den freundlichen Kerl betreuen zu dürfen, wenn sein Mensch unterwegs ist. Entsprechendes gilt für Alleinerziehende mit Zwillingen im Krabbelalter! Auch diese Lebensphase ist mit ziemlicher Sicherheit ungeeignet, um sich einen anstrengenden Hund anzuschaffen – was aber nicht heißt, dass für diese kleine Familie die Hundehaltung generell eine Schnapsidee sei.

Glauben Sie mir, es gibt sie durchaus, die unkomplizierten Hunde, die sehr gut damit

Toben mit den Fundhunden Anna und Matteo – da kann es manchmal ganz schön wild zugehen!

leben können, dass wenig Aufhebens um sie gemacht wird. Sie sind nur manchmal schon ein wenig älter oder optisch nicht gerade ein Modehund. Aber sie haben ein großartiges Wesen und die Lizenz zum Glücklichmachen. Ich bin überzeugt, es gibt für – fast – jeden den richtigen Hund, wenn er nur richtig sucht. Auch dabei möchte dieses Buch ein Ratgeber sein.

Vor der Suche nach Mr. Right auf vier Beinen steht natürlich eine andere wichtige Frage, die für die Entscheidung »pro Hund« eine ganz wichtige Rolle spielt.

Wie finde ich den Richtigen?

Der ideale Hund muss zur jeweiligen Lebens-situation, in der man gerade steckt, passen. Was macht diesen Gefährten aus, und wo findet man ihn?

Eine Familie mit Kindern sollte logischerweise einem kinderfreundlichen Hund den Vorzug geben. Das klingt jetzt sehr banal. Die traurige Erfahrung jedoch zeigt, dass Vernunftentscheidungen, bei denen Charakter, Verhalten und Interessen eines Hundes eine größere Rolle spielen als sein Aussehen oder sein (Welpen-)Alter, keineswegs selbstverständlich sind.

immer nur dabei sein wollen, froh sind, ein Dach über dem Kopf und nette Menschen an ihrer Seite zu haben, und keinen Ärger machen. Es gibt sogar Hunde, die unsportlich sind und es eher gemütlich lieben, Couch-potatoes, die lieber Auto fahren als wandern, denen kleine Spaziergänge reichen und die gerne (aus)schlafen. Ich werde noch näher auf sie eingehen.

Zugegeben, sie sind eindeutig in der Minderheit, aber es gibt sie. Und je größer und »besser sortiert« ein Tierheim ist, desto größer ist natürlich die Wahrscheinlichkeit, solch ein Schätzchen zu finden. Am besten

Wer ist der Richtige?

Das ist die wichtigste Frage überhaupt. Bitte seien Sie bei ihrer Beantwortung realistisch und überfordern Sie sich und Ihre Familie nicht. Es gibt wunderschöne, herrliche imposante Hunde, Tiere, die auffallen, mit denen Sie bewundernde Blicke ernten, oder, falls Ihnen das egal ist, Hunde, die Sie ganz einfach toll finden, die aber u. U. zu zeitintensiv und anstrengend für Sie oder Ihre Familie sind.

Ehe das Projekt »Hundeanschaffung« dann schiefgeht, nehmen Sie doch lieber einen sogenannten Anfängerhund. Beim Tierschutz gibt es Hunde, die bereits gut erzogen sind. Es gibt ruhigere Charaktere, die einfach

Lieber gemeinsam im Büro als alleine zu Hause: Viele Hunde machen es sich gerne unter einem Schreibtisch gemütlich.

lesen Sie sich einmal die Beschreibungen unter den Fotos der Vermittlungskandidaten auf den Internetseiten der Tierschutzvereine durch.

Wer sind die anstrengenden Kandidaten?

Sportskanonen unter den Hunden gibt es – leider – zahlreicher als ideale Interessenten für sie. Deswegen können die Tierschutzvereine eine ganz besonders große Auswahl extrem bewegungsfreudiger Lauf-, Wind- und Jagdhunde oder auch Nordischer Hunde und ihrer Mischungen bieten. Etliche Organisationen haben sich auf die Vermittlung der zauberhaft sanften Galgos und Podencos aus Spanien oder Greyhounds (aus Irland und Großbritannien) spezialisiert, denen ihre neuen Menschen keinen größeren Gefallen tun könnten, als möglichst täglich möglichst lange mit ihnen zu laufen, zu joggen oder Fahrrad zu fahren.

Entsprechendes gilt für die Rassen und Mischungen, die eigentlich weniger Freizeit- und Familienhunde als vielmehr berufstätige Profis sind – Hunde, die unbedingt eine Aufgabe brauchen, um ausgelastet zu sein: Border Collies und Australian Shepherds sind hier zu nennen sowie häufig der Belgische Schäferhund Malinois. Ihre Menschen müs-

Flotter Windhund und drahtiger Terrier: Beide sind keine »Nebenbei-Hunde«, sondern brauchen viel Bewegung und Aufmerksamkeit.

Border Collies möchten etwas zu tun haben: Gibt es keine Schafherde zu hüten, kann ein Agility-Parcours ein guter Ausgleich sein.

sen sich tagtäglich intensiv und lange mit ihnen beschäftigen, und zwar nicht nur körperlich, sondern auch geistig. Wenn diese Hunde nicht »berufstätig« sein dürfen, vielleicht, weil ihre Besitzer weder Polizist noch Schäfer sind, dann sollte es Familienmitglieder geben, die Spaß an Agility, Flyball, Dog Dancing oder Ähnlichem haben. Größere Kinder und Jugendliche, denen es gefällt, sich ständig neue knifflige Aufgaben für das vierbeinige Familienmitglied auszudenken, wären ideal. Denn permanente Unterforderung und Langeweile können echte Verhaltensstörungen bei diesen »Einsteins« unter den Hunden auslösen.

Klein oder groß?

Es ist ein verbreiteter Irrtum, dass kleine Hunde weniger Arbeit machen würden und leichter zu halten seien als große. Häufig ist sogar gerade das Gegenteil der Fall, denn klein bleibende Hunde sind oft ganz besonders aktiv und quirlig. Und gerade weil sie nur so klein und wenig wehrhaft sind, neigen sie manchmal dazu, schneller unsicher zu sein oder zu erschrecken. Und dann können sie vielleicht sogar eher einmal zuschnappen als z. B. ein souveräner Neufundländer.
Eine Freundin von mir wollte als absolute Hundeanfängerin schon deshalb lieber einen möglichst klein bleibenden Hund, weil sie dachte, der komme dann nicht überall dran und könne seine Schnauze nicht überall hineinstecken, wo sie nichts zu suchen hat. Ein Kriterium, auf das ich so nie gekommen

Nicht der Größenunterschied ist der entscheidende Unterschied!

wäre … Aber gut, die Familie bekam ihren supersüßen klein bleibenden Hund (von der Arche Noah Teneriffa), der sich allerdings als sehr, sehr pfiffig herausstellte und noch dazu extrem gut klettern konnte. Und genau deswegen kam er überall dort hin, wo er eigentlich nicht hin sollte, und lag schon früh am Morgen auf der Küchenanrichte.

Der Klassiker: die falsche Wahl

Bei einem Waldspaziergang mit meiner damaligen Hündin kam ich mit einer Frau ins Gespräch, die einen jungen Husky an der Leine führte. Sie hatte ihn wenige Monate zuvor bei einem Züchter gekauft. »Wie schade«, bemerkte ich, »es gibt nämlich gleich mehrere Tierschutzvereine, die sich auf die Vermittlung von Huskys und anderen Nordischen Hunden spezialisiert haben. Sie hätten ein gutes Werk tun können, wenn Sie von denen einen genommen hätten.« Das hatte die Hundehalterin nicht gewusst.

Wo geht's zum nächsten Abenteuer? – Fast alle Huskys sind unternehmungslustige Sportskanonen.

Sie beschrieb mir den Entscheidungsprozess in ihrer Familie: Weil sie drei kleine Kinder hatten, sollte es ein Welpe vom Züchter sein, damit man sicher sein könnte, dass der Hund nicht schon irgendwie verkorkst ist. Dieses Argument höre ich sehr oft. Was danach kam, hatte ich jedoch noch nie gehört: »Und mein Mann wollte ja eigentlich überhaupt keinen Hund. Wir mussten ihn überreden. Dann haben wir in Büchern nachgeschaut und gelesen, dass Huskys nicht bellen. Das überzeugte meinen Mann, und er verkündete: ›Dann entweder einen Husky oder keinen!‹« Ich habe häufig mit Schlittenhunden zu tun und bin mir eigentlich ganz sicher, dass ich auch Huskys schon manchmal bellen gehört habe. Na ja, vielleicht meinte das Fachbuch, dass sie eher heulen als kläffen. Das mag richtig sein, erschien mir aber dennoch nicht als Hauptgrund geeignet, sich für einen solchen Feger zu entscheiden. Schließlich handelt es sich bei Nordischen Hunden um ausgesprochen bewegungsintensive Naturburschen, die am liebsten den ganzen Tag bei Wind und Wetter in Wald und Flur unterwegs sein möchten – und dabei gerne jagen. Kein Wunder, dass die Frau ihren abenteuerlustigen Junghund lieber nicht von der Leine ließ. »Na ja«, fing ich noch einmal zu missionieren an, »falls Sie vielleicht irgendwann einmal einen zweiten Husky dazunehmen wollen, oder sollten Sie auf Ihren schönen Hund angesprochen werden, weil jemand auch so einen haben möchte, dann wenden Sie sich an die ›Nothilfe für Polarhunde‹. Die haben ganz viele in jedem Alter.«

Schon eine Woche später traf ich die beiden erneut. Hundebesitzer gehen häufig die gleichen Runden zur gleichen Uhrzeit. Die Frau freute sich sehr, mich zu sehen. »Sie sagten doch das letzte Mal, dass es da diese Tierschutzorganisation speziell für Huskys gibt. Wie heißen die noch mal? Und wie kommt man da dran?«, fragte sie. »Oh, wie schön!«, begeisterte ich mich: »Möchten Sie doch einen zweiten dazunehmen?« – »Nein, wir möchten unseren abgeben.«

Das ging ja schnell, ist leider ganz typisch und ein sehr lehrreiches Beispiel: Der Mann war sowieso nicht richtig überzeugt. Und wenn überhaupt, dann wollte er einen Hund, der vor allem toll aussieht und Eindruck macht. Die noch kleinen Kinder brauchten viel Betreuung und hielten die Eltern entsprechend auf Trab. Und ein junger Temperamentsbolzen, der nicht von der Leine gelassen werden kann, lässt den Spaziergang mit Kind und Kegel und Kinderwagen schnell zur spaßfreien Strapaze werden. Ein klassischer Fall von Überforderung und Folge einer falscher Wahl und Beratung. Von der »Nothilfe für Polarhunde« hätte diese Familie wahrscheinlich gar keinen Hund bekommen. Auch das gehört zu einer richtigen Beratung dazu, die man von Züchtern leider nicht immer erwarten kann.

Damit kein Missverständnis entsteht: Huskys sind kinderfreundlich und können ideale Kumpels und Spiel- und Sportkameraden sein – aber eben nur in einer Familie mit möglichst mehr als einem Menschen, dem solch ein Hund nicht zu anstrengend ist. Wenn morgens jemand eine Stunde mit dem jungen Hund joggt, wenn nachmittags die Kinder mit ihm im Garten toben und wenn abends noch eine Abschlussrunde zu Fuß oder mit dem Rad drin ist, dann können alle Spaß haben und sich die Zweibeiner noch dazu über einen engagierten, aber preisgünstigen Fitnesstrainer freuen.

Doch zurück zu unserer schlecht beratenen Familie: Am bedauerlichsten finde ich es, wenn nach solch einer Fehlentscheidung nie wieder ein Hund angeschafft wird. Das ist sehr schade, für die Frau, die gerne mit einem Hund durch den Wald spazieren will, für die Kinder, die bestimmt viel Freude an einem vierbeinigen Freund hätten, und für einen Hund, der dadurch ein Zuhause hätte finden können. Und da sind wir wieder bei dem Ausgangspunkt dieses Kapitels. Es muss halt einfach nur der Richtige sein!

Hätte sich die Familie für so eine Hündin entschieden, wie ich sie damals hatte (und heute noch schmerzlich vermisse), für eine erwachsene, ruhigere, kluge, bescheidene, anpassungsfähige, freundliche, kinderliebe, jedoch zugegebenermaßen auf den ersten und zweiten Blick recht unscheinbare Mischlingshündin, wäre das Projekt »Hund« wahrscheinlich gut ausgegangen – auch wenn der Vater dann auf anerkennende Blicke beim Gassigehen hätte verzichten müssen.

Übrigens: Selina, meine damalige Hündin, hatten mein Mann und ich auf einem sizilianischen Parkplatz gefunden und spontan mitgenommen, um sie vor angekündigten Hundefängern zu retten. So einfach und schnell kann man zum perfekten Hund kommen! Nicht nur Selina hatte damals Glück, auch wir.

Brauchen große Hunde mehr Platz?

Große Hunde sind oft die gemütlicheren. Sie sind häufig ruhiger, gelassener und ausgeglichener und dadurch auch friedfertiger als ihre kleinen Artgenossen. Sie brauchen nicht grundsätzlich mehr Platz – auch das hängt schlichtweg immer vom jeweiligen Hund ab. Zwar gibt es große Hunde, wie z. B. Herdenschutzhunde, für die eine Wohnung mit Garten wichtig ist, weil sie territorial denken und gerne über Grundbesitz verfügen. Das hat aber mehr mit ihrem Gen zum Bewachen als mit ihrer tatsächlichen Größe zu tun.

Platz ist nämlich in der kleinsten Hütte. Viele Neufundländer(mixe), Labrador(mix)e, Schäferhund(mix)e und andere große Hunde(rassen) liegen gerne einfach in der Nähe ihrer Menschen herum. Und wenn sie nicht Siesta machen, dann wollen sie einen interessanten Spaziergang mit anregenden Geruchserlebnissen machen und kämen gar nicht auf den Gedanken, aus Langeweile alleine durch Zimmerfluchten oder Gartenbeete zu rennen. Bei einem kleinen Terrier wäre ich mir da nicht so sicher. Der braucht mitunter mehr Terrain als ein Bernhardiner, weil er gerne ständig durch die Gegend flitzt.

Berner Sennenhunde (Foto), Bernhardiner oder Leonberger und ihre Mischungen gehören zu den eher gemütlichen Naturen, die es gerne ruhiger angehen.

Wo sind die großen Hunde entscheidend im Nachteil?

Ein folgenschweres Problem der großen Rassen und Mischungen: Wenn sie alt sind – und sie altern leider deutlich früher als ihre kleinen Artgenossen –, dann müssen sie mitunter über Treppen getragen und Hindernisse gehoben werden. Das geht bei einem schweren Hund zugegebenermaßen nicht. Das ist der Grund, weshalb große Hunde von den Tierschutzvereinen bevorzugt an ein ebenerdiges Zuhause vermittelt werden.

Was spricht für einen kleinen Hund?

Natürlich haben kleine Hunde einige Vorteile: Kleine Hunde brauchen weniger Futter und sind nach einem Matschspaziergang schneller gebürstet und gewaschen. Und man kann auch einmal ein (geeignetes, erfahrenes) Kind mit ihnen Gassi schicken. Vor kleinen Hunden haben andere Menschen weniger Angst. Deshalb erntet man weniger ablehnende Blicke, wenn man mit einem kleinen Hund unterwegs ist, z. B. eine Boutique oder ein Restaurant betritt, als wenn man mit einer Dogge reinkommt. Und es gibt noch einen anderen Vorteil, der durchaus wichtig sein kann: »Wir haben ein Ferienhaus auf Teneriffa«, erzählte mir eine Tierfreundin, »deswegen wollten wir einen Hund, der so wenig wiegt, dass er im Flugzeug immer mit uns als Handgepäck im Passagierraum reisen darf!« Kleine Hunde sind auf Reisen generell leichter zu handhaben.

Unterwegs mit Hund: Kleinere Kerlchen wie dieser Corgie-Mischling kann man bei Bedarf schnell einmal auf den Arm nehmen. Große Hunde dagegen nehmen beim Stadtbummel statt Rolltreppe den Fahrstuhl oder die richtige Treppe.

Welche Tierheim-Hunde finden am schnellsten ein neues Zuhause?

Weil es sich in den Köpfen der Menschen nun einmal festgesetzt hat, dass kleine Hunde leichter zu handhaben sind als große, dürfen klein bleibende Schützlinge den Tierheimen viel schneller den Rücken kehren als ihre, was

Vor allem Anfänger sind mit einer netten Hündin oft besser beraten ...

... als mit einem selbstbewussten Rüden, der vielleicht eher einmal ausprobiert, ob er nicht der Boss sein kann.

das betrifft, wirklich bedauernswerten großen Verwandten. Wenn es also vielleicht doch ein etwas größerer Hund sein darf, der bei Ihnen einzieht, dann tun Sie diesem Hund wie auch dem Tierschutz generell einen großen Gefallen – und eine gute Tat!

Rüde oder Hündin?

In der Regel ist ein weibliches Tier einfacher zu handhaben als ein Rüde. Hündinnen sind leichter zu erziehen und weniger geneigt, die Rangordnung des Rudels, also auch ihre Menschen (!), in Frage zu stellen. Rüden sind abenteuerlustiger und einer Balgerei gegenüber seltener abgeneigt als ihre weiblichen Artgenossen. Manchmal verstehen sie sich nicht mit anderen Rüden. Wenn es allerdings zu einer Rauferei zwischen zwei Rüden kommt, so geben die Kontrahenten dabei zwar Geräusche von sich, die das Schlimmste vermuten lassen, in der Regel handelt es sich jedoch um mehr oder weniger reine Schaukämpfe, bei denen kaum etwas Ernsthaftes passiert – vorausgesetzt, die Streithähne sind ungefähr gleich alt, gleich groß und kräftig.

Hündinnen sagt man nach, dass sie zwar seltener auf eine Geschlechtsgenossin losgehen, aber wenn sie es tun, dann mit härteren Bandagen zu kämpfen pflegen. Aber oft sind sie ja absolut verträglich, und es kommt gar nicht erst zu solch unangenehmen Szenen.

Wer einen unproblematischen Anfängerhund sucht, der sollte einer Hündin den Vorzug geben. Aber auch hier gibt es natürlich wieder die Individuen, die meine Regel Lügen strafen, nämlich schüchtern-unterwürfige Rüden und wahre Xanthippen, die Artgenossen strammstehen lassen. Man muss also immer im Einzelfall entscheiden. Aber die Wahrscheinlichkeit ist groß, dass man es mit einer Hündin einfach einfacher hat.

Was ist wirklich illusorisch?

Ich habe ja bereits zugegeben, dass ich die Frage der Hundeanschaffung eher optimistisch betrachte und zögernde Tierliebhaber durchaus dazu ermuntern möchte. Es gibt aber auch Ansprüche und Vorstellungen, vor denen selbst ich die Segel streiche – zum Beispiel, wenn auf die Frage »Ja, wie soll er denn so sein und aussehen, der Hund, den ihr euch wünscht?«, folgende Antwort kommt: »Er soll klein bleiben, etwa so wie ein Yorkshire Terrier. Er soll ganz jung sein, also ein Welpe, aber er soll bereits gut erzogen sein, stubenrein sowieso, er soll längere Zeit alleine bleiben können, nicht bellen und nicht haaren.« Und wovon träumen Sie nachts?
»Nicht haaren« finde ich immer eine besonders befremdende Bedingung. Wer Haustiere hält, muss entweder damit leben, dass Tierhaare in der Wohnung sind und dass allgemein etwas mehr Schmutz ins Haus und – für manche noch schlimmer: ins Auto – gebracht wird, oder entsprechend mehr putzen und saugen. Es gibt aber auch den Hund, der garantiert nicht haart, der zudem auch noch superniedlich ist und in allen Größen und Preisklassen zu haben: aus Plüsch oder Stoff!

Bei der großen Auswahl müsste eigentlich jeder Hundeliebhaber den passenden Lebensgefährten finden – auch beim Tierschutz.

Für die, die ganz sichergehen wollen, dass keine Hundehaare ins Wohnzimmer geraten und dass der Neuzugang weder Dreck noch Lärm und schon gar keine Arbeit macht, ist das die beste Wahl.

Yes, we can: Amerikas First Dog

Irgendwie gehört es sich für einen US-Präsidenten, einen Hund zu haben. George Bush senior wie junior hatten mit ihren beliebten Vierbeinern beim Wähler gepunktet. Barbara Bush hat ihrem Cockerspaniel sogar ein ganzes Buch gewidmet, das ausgesprochen erfolgreich war. Da wollten auch die Clintons nicht nachstehen und holten sich zum berühmten Kater Socks auch noch den niedlich-tapsigen Labrador Buddy. Schade, dass keiner dieser Hunde aus einem Tierheim stammte. Der Präsident als Vorbild hätte dazu beitragen können, Leben zu retten, denn in den USA werden viele Hunde eingeschläfert, wenn sie keiner haben will.

Barack Obamas Hund stammt zwar auch nicht vom Tierschutz, aber ansonsten hat der besonnene Ausnahmepolitiker wieder einmal alles richtig gemacht und gezeigt, dass er auch weiß, wie man die Anschaffung eines Hundes angeht. Genau wie in weltpolitischen Fragen, so hat er sich bei der Wahl des vierbeinigen Familienzuwachses erst einmal kundig gemacht und von Experten beraten lassen.

Denn es gab ein Problem: Eine seiner beiden Töchter reagiert allergisch auf Hundehaare. Im Unterschied zum übertriebenen Hygienewahn anderer ist das natürlich ein guter und nachvollziehbarer Grund, einem Tier den

Keine Präsidentenfamilie ohne First Dog. Wie schön, dass die Obama-Töchter trotz Allergie mit einem Hund aufwachsen dürfen.

Vorzug zu geben, das keine oder zumindest so gut wie keine Haare verliert. Dass die Eltern nicht einfach gesagt haben »Dann gibt es eben keinen Hund!«, sondern nach einer Lösung suchten, finde ich großartig. Yes, we can! Ja zum Hund – selbst mit dieser Ausgangssituation. Ein »Cao de Agua«, ein Portugiesischer Wasserhund, ist eine Möglichkeit – so das Ergebnis der gründlichen Recherchen aus dem Umfeld der Präsidentenfamilie.

Wasserhunde sehen so ein bisschen aus wie wandelnde Flokatis in Schwarz oder Dunkelbraun. Sie haben ein gelocktes und ganz besonders dickes und dichtes Fell, das für den Aufenthalt im Wasser geeignet ist. Denn Wasserhunde assistieren Fischern, zum Beispiel, indem sie deren Netze aus dem Meer ziehen oder Fischschwärme einkreisen. Tolle Kerle, aber eben auch berufstätig, intelligente Arbeitstiere und als solche gewohnt, immer eine Aufgabe zu haben. Allein »First Dog« zu sein, wird – selbst mit entsprechenden Repräsentationspflichten – den Hund der Obamas wohl nicht ausfüllen. Aber die Familie wird das Problem bestimmt lösen, sollte es

überhaupt eines werden. Im Weißen Haus wird es mit Sicherheit genügend Mitarbeiter geben, die mit einem Cao de Agua spielen, toben und ihn apportieren lassen – zu Lande und zu Wasser.

Die Sorge vieler Tierschützer sowie auch einiger Wasserhunde-Züchter und -Kenner ist jedoch, dass diese sehr aktiven Hunde nun in Mode kommen und damit auch von denjenigen gekauft werden, die sich gar nicht richtig mit den Bedürfnissen dieser Rasse auseinandergesetzt haben.

Mich hat Barack Obama leider nicht um Rat gefragt, sonst hätte ich ihm noch gesagt, dass er Wasserhunde und vor allem ihre Mischungen massenhaft in den Tierheimen der Iberischen Halbinsel finden könne. Oft sitzen sie sogar in kommunalen Tötungsstationen, und es rettete ihr Leben, wenn sie jemand hier herausholen würde. Wenn die Wasserhunde nun schon in Mode kommen sollten, dann wäre es schön, wenn möglichst viele von denjenigen ein Zuhause finden würden, die sonst keiner haben will, von denjenigen, die schon auf der Welt sind und die nicht extra gezüchtet werden.

Gibt es Hunde, die nicht haaren?

Kaum. Es gibt ja auch keine Menschen, die überhaupt nicht haaren. Aber es gibt Hunde und Hunderassen, die deutlich weniger oder so gut wie gar nicht haaren: Gelockte Naturen wie Pudel und Pudelmischlinge z. B. oder der Wasserhund von der iberischen Halbinsel, der durch die Obamas populär geworden ist.

Fast alle Hunde haaren mehr oder weniger, Schäferhunde z. B. eher mehr. Besonders schlimm ist es zweimal im Jahr, nämlich im Frühling und Herbst, wenn die Tiere ihr Fell wechseln, weil die warme bzw. die kalte Jahreszeit bevorsteht. Mancher Hund haart aber auch das ganze Jahr über mehr oder weniger intensiv. Damit muss man leben und eben saugen und fegen.

Wozu können Hundehaare gut sein?

Die Schauspielerin und Hundenärrin Rosemarie Fendel hat mir einmal gezeigt, was sie mit den reichlichen Haaren anfängt, die sie ihrem bildschönen Tervueren, das ist ein Belgischer Langhaarschäferhund, regelmäßig aus dem Fell bürstete. Sie sammelte die Haare, um sie von Zeit zu Zeit an eine Spinnerei zu schicken und als Wolle wieder zurückzubekommen. Ein garantiert reines Naturprodukt, aus dem sie dann Decken strickte. Frau Fendels Tipp: Da Pullover und Jacken aus Hundewolle so warm sind, dass man sie kaum tragen kann, empfiehlt sie daher, lieber Decken daraus zu machen.

Die Schauspielerin Rosemarie Fendel hat die Haare ihres geliebten Tervueren-Rüden Xáron zu Wolle spinnen lassen und daraus Decken gestrickt.

Sie können mit den ausgebürsteten Haarbüscheln aber auch ganz einfach ihren Kompost bereichern. Schließlich sind Tierhaare nichts anderes als besonders feine Hornspäne, die andere extra kaufen, um ihren Kompost aufzulockern.

Was tun, wenn jeder etwas anderes will?

Wenn eine ganze Familie darüber entscheidet, wer als vierbeiniges Mitglied einziehen darf, wenn beide Eltern und die Kinder mitentscheiden, kann es ziemlich kompliziert werden. Denn oft hat jeder eine ganz andere Vorstellung vom neuen Hund oder verliebt sich spontan in einen Kandidaten, der für die anderen überhaupt nicht in Frage kommt. So kann ein Tierheimbesuch schnell zur Nervenprobe werden. Schließlich kann man kaum mit vier verschiedenen Hunden wieder nach Hause gehen.

Bei der Entscheidung sollte nicht das Recht des Stärkeren gelten, aber das derer, die am besten Bescheid wissen und am meisten mit dem Hund zu tun haben werden. Wer läuft mit ihm? Wer nimmt ihn evtl. mit zur Arbeit oder auf Reisen? Wer hat die meiste Zeit? Wer will ihn am dringendsten und wird sich auch am intensivsten um ihn kümmern? Bleibt er tagsüber bei der Oma, die vielleicht nicht mehr ganz so standfest ist? Wird er speziell als Freund für ein Kind angeschafft? Zusätzlich zur Berücksichtigung dieser Zuständigkeiten gelten natürlich auch hier die auf Seite 9/10 unter »Wer ist der Richtige?« erwähnten Kriterien.

Diese Familie war sich schnell einig: der oder keiner!

Was tun, wenn sich die Vorstellungen partout nicht vereinbaren lassen?

Der Trend zum Zweithund ist stark im Kommen. Wenn bei einem Paar jeder etwas grundsätzlich anderes von einem Hund erwartet und es keine Rasse oder Mischung gibt, die beides auch nur annähernd vereint, dann stellt sich wirklich die Frage, ob es nicht besser ist, zwei Hunde, die gut miteinander harmonieren, zu nehmen, als dass einer der Partner frustriert und unglücklich ist. Voraussetzung ist natürlich, dass die Haltung zweier Hunde (auch finanziell) möglich ist.

Ein Hund oder gleich ein Doppelpack?

Miriam und Sascha, ein befreundetes Ehepaar, hatten zwar schon Pferde und Katzen, aber noch keinen Hund. Das sollte nun mit dem Umzug von der Frankfurter Innenstadt raus aufs Land endlich anders werden. *Er* war es gewohnt, täglich eine gute Stunde durch den Wald zu joggen, und wollte zudem einen eher großen Hund, der Haus und Garten bewacht. Und er wollte einen Welpen, damit er ihn von Anfang an perfekt erziehen und ihn aufwachsen sehen kann. *Sie* wünschte sich was Kleines zum Knuddeln und Tragen, so klein

Dalmatinerhündin Pünktchen hatte bereits eine Zirkuskarriere hinter sich, als sie erst im Tierheim und von dort aus dann als Ersthund bei einem sportlichen Ehepaar landete.

wie möglich, ein Schoßhündchen im Handtaschenformat, wie wir es von Rudolf Mooshammer oder Paris Hilton kennen.
Was tun? Da ist guter Rat natürlich teuer und kaum ein »Mittelding« möglich.

Mein Tipp

Ehe einer der beiden nicht auf seine Kosten kommt, ist es doch besser, auch für die vierbeinigen Glückspilze, die hier einziehen dürfen, wenn zu Saschas »Laufhund« demnächst noch eine niedliche »halbe Portion« für Miriam dazukommen darf.

Der Laufhund war schnell gefunden – von Miriam. Bei einem Besuch im Wetterauer Tierheim vom »Bund gegen Missbrauch der Tiere« (www.tierheim-elisabethenhof.de) verliebte sie sich spontan in eine zauberhaften Dalmatinerhündin mit dem naheliegenden Namen Pünktchen, damals drei oder vier Jahre alt. Vergessen war Saschas Welpenwunsch (prima!), denn auch er war von der zierlichen Sportskanone begeistert. Für die beiden Hundeanfänger war Pünktchen ein echter Glücksfall, handelte es sich bei ihr doch tatsächlich um eine ehemalige Zirkushündin, die nicht nur allerhand mehr oder weniger sinnvolle Kunststückchen beherrschte, sondern auch bereits perfekt erzogen war. Da kann man nur neidisch werden!

Solche Schätze und Schätzchen sitzen in unseren Tierheimen!

Aber auch Traumhunde haben mitunter ein Manko: So richtig bewachen wollte Pünktchen nämlich nicht. Sie bellte auch nicht. Nie. Andere wären darüber froh, wie unsere Husky-Ex-Familie von Seite 12/13. Sascha nicht. Man kann nicht alles haben, aber doch sehr viel: Man kann viel Freude haben mit einem Tier wie Pünktchen, das – samt inzwischen auch noch hinzugekommenem Baby – alle seine Menschen liebt und sogar mit deren Katzen prima klarkommt. Das ist jetzt ein paar Jahre her, und die neueste Nachricht habe ich gerade erfahren: Inzwischen bellt Pünktchen auch und passt auf Haus und Hof auf! – Na bitte. Gut Ding will Weile haben.

Welche Rolle spielt das Alter?

Das Alter ist bekanntlich relativ. Und die Zahlen, die das Alter eines Hundes angeben, sollten daher nicht überbewertet werden. Wie bei uns Menschen gibt es auch bei unseren Hunden jung gebliebene Fit-wie-ein-Turnschuh-bis-ins-Seniorenalter-Typen ebenso wie andere, die früh altern oder schon in vergleichsweise jungen Jahren unter Krankheiten oder Behinderung leiden. Manche bekommen typische Alterserscheinungen wie z. B. Hüftgelenksdysplasie oder Arthrose deutlich früher als andere. Und dann gibt es auch noch diejenigen, die zwar körperlich gesund sind, aber vom Temperament und Wesen her älter wirken, als sie sind, und schon früh zur Bequemlichkeit neigen.

Was spricht für einen älteren Hund?

Es gibt mindestens drei gute Gründe, sich für ein älteres Tier zu entscheiden: Erstens sind ältere Hunde natürlich lebenserfahrener und klüger als ihre jungen Artgenossen. Viele strahlen eine richtig souveräne Altersweisheit aus und sind deshalb ganz oft gerade für Anfänger geeignet. Denn in dieser Konstellation können dann die Hunde ihren Menschen zeigen, wie man am besten zusammenlebt. Sie sind bereits erzogen und abgebrüht und müssen (wahrscheinlich) nicht mehr jedem Kaninchen hinterherjagen. Sie bleiben eher alleine, schon weil sie schlichtweg ihre Ruhe brauchen, und machen weniger Stress. Drum kann man sie oft gut ins Büro mitnehmen.

Hunde im Seniorenalter sind häufig ganz besonders angenehme Lebensgefährten, die sich trotz ihres Alters problemlos in eine Familie integrieren und wenig Stress machen.

Dicke Freunde: Auch ältere Hunde können für Kinder ganz ideale Begleiter sein.

Zweitens, tun Sie einfach etwas Gutes!! Selbst Tiere, die nicht einmal richtig alt, sondern einfach nur nicht mehr ganz jung sind, sitzen häufig nahezu chancenlos in unseren Tierheimen. Keiner will sie haben, einfach wegen ihres Alters. Die Menschen sehen nur die Zahl und nicht den Charme und alles andere, was einen Senior attraktiv und liebenswert macht. Leider!!! Mir tun diese Tiere so unendlich leid. Oft verstehen sie die Welt nicht mehr und leiden immens unter dem Tierheimstress. Häufig hatten sie es zeitlebens gut gehabt, waren von ihren Menschen geliebt und vielleicht sogar verwöhnt worden, und nun sitzen sie im kahlen Tierheimzwinger, weil Frauchen oder Herrchen gestorben sind oder ins Pflegeheim umziehen mussten. Und sie sitzen hier lange, häufig für den Rest ihres Lebens.

Drittens, und das bitte ich nun nicht falsch zu verstehen: Einen alten Hund hat man eben nicht gleich um die 15 Jahre, sondern nur ein paar Jahre. Sie müssen sich nicht für so eine lange Zeit festlegen, sollte sich beispielsweise herausstellen, dass sich die Hundhaltung doch nicht so gut mit dem Alltagsleben vereinbaren lässt. Oder man weiß gar, dass sich die Lebenssituation langfristig zuungunsten eines Haustieres ändern kann, etwa, wenn die Kinder ausziehen oder wenn mit dem Ende des Studiums oder der Schulzeit Umzug und Berufstätigkeit ins Haus stehen. Dann lebt der Hund vielleicht sowieso schon gar nicht mehr. Dies bei der Planung des Projektes »Hund« einzukalkulieren ist fairer und verantwortungsvoller, als später einen Hund mittleren Alters ins Tierheim abzuschieben! Ich kenne Tierfreunde, die immer, wenn bei ihnen wieder ein Platz frei geworden ist, zu einer Tierschutzorganisation gehen und fragen »Wer ist bei Ihnen der älteste Hund?« – Und den nehmen sie dann mit nach Hause – obwohl sie wissen, dass das bedeutet, schon relativ bald wieder Abschied nehmen zu müssen. Respekt!! Es ist ihre Art, zu helfen und einem alten Hund einen schönen Lebensabend zu ermöglichen, und genau das gibt ihnen ein gutes Gefühl!

Was spricht gegen einen älteren Hund?

Dass er eben nicht noch ca. 15, sondern vielleicht nur noch ein paar Jahre bei Ihnen bleibt, ist natürlich eine Tatsache, die für viele Tierfreunde kaum zu ertragen ist. Abschied tut immer weh. Und sicherlich gibt es auch Fälle, in denen ein alter Hund geistig und körperlich so abbaut, dass er zumindest eine Zeit lang, nämlich während seiner letzten Lebenswochen oder -monate, intensive Pflege braucht – und u. U. auch entsprechende Tierarztkosten verursacht.

Gerade bei großen Hunden sind Hüftgelenksdysplasie und Arthrose häufige Alterserscheinungen, die die Beweglichkeit des Hundes und damit auch die seiner Menschen erheblich einschränken können. Treppensteigen ist dann kaum mehr möglich. Gemeinsame Urlaubreisen werden genauso schwierig wie, einen geeigneten Pflegeplatz für den jetzt pflegebedürftigen Hund zu finden, wenn er nicht mehr mitfahren darf.

Wie wir Menschen, so können übrigens auch Hunde im Seniorenalter zu Sturheit neigen. Dann wandelt sich die Altersweisheit in Altersstarrsinn und verlangt vom Rest der Familie Geduld, Nachsicht und Humor. Wenn der eigene Hund alt wird, nimmt man das natürlich alles in Kauf und lässt einen langjährigen Lebensgefährten gerade jetzt nicht im Stich. Ob man sich aber ganz bewusst von vornherein ein altes Tier anschaffen sollte, ist natürlich eine ganz andere Entscheidung.

Was spricht für einen Welpen?

Ganz ohne Zweifel sind Hundebabys natürlich so ziemlich das Niedlichste, das man sich vorstellen kann. Und natürlich kann man einen Hund am allerbesten erziehen, wenn man von dessen Welpenbeinen an Einfluss auf ihn hat. Man kann sogar eine Welpenschule besuchen und damit eine optimale Grundlage für die weitere Entwicklung des neuen Familienmitgliedes schaffen.

Außerdem wird die Familie die Welpenzeit, in der es ganz besonders viel zu lachen gibt, nie

Gerade große Hunde brauchen im Alter oft bei ganz alltäglichen Verrichtungen die Unterstützung ihrer Menschen.

Da braucht selbst der größte Hundefreund Geduld und gute Nerven: Welpen beißen nun einmal gerne alles Mögliche kaputt. Und das klappt auch mit Milchzähnchen ganz wunderbar.

vergessen, auch wenn sie noch so schnell vorbeigeht. Sollte bereits ein Hund oder eine Katze im Hause sein, ist bei einem Welpen die Wahrscheinlichkeit ganz besonders groß, dass der Neuzugang akzeptiert oder gar unter die Fittiche genommen wird.

Was spricht gegen einen Welpen?

Bleiben wir gleich bei etwaigen bereits vorhandenen Tieren: Wenn es sich dabei um ruhigere oder ruhebedürftige Naturen handelt, können sie auch extrem genervt auf einen Welpen reagieren und wären u. U. mit einem gleichaltrigen oder älteren Partner viel besser bedient. Das gilt übrigens für Katzen noch mehr als für Hunde.

Seine Menschen hält ein junger Hund natürlich extrem auf Trab. Er ist weder erzogen noch vernünftig. Er ist nicht stubenrein, weckt Sie manchmal nachts auf und wird mit 100-prozentiger Sicherheit nicht etwa alte Schuhe oder Einzelsocken zerbeißen, sondern genau Ihre Lieblingspumps, den schönen Einkaufskorb, den Sie gerade in Benutzung haben (denn der riecht am besten – nämlich vor allem nach Ihnen), sowie just das teure anthroposophische, naturgeölte Holzspielzeug, das Ihr Jüngster wieder auf dem Teppich

Womit muss man bei einem Hundekind rechnen?

Hundekinder stellen genau wie Menschenkinder viel Blödsinn an, und man kann sie kaum aus den Augen lassen. Bei meinem Schäferhund Mikis, den ich als Studentin mit der Flasche aufzogen habe, war dies besonders ausgeprägt. Er hat es geschafft, innerhalb einer unbeobachteten Stunde genau das Taschenbuch in briefmarkengroße Teile zu zerpflücken, in dem ich alle wichtigen Stellen markiert und mit Notizen für ein Referat versehen hatte, das ich am nächsten Tag an der Uni halten sollte. Diesen Verlust konnte man natürlich nun nicht so einfach ersetzen.

Parallel dazu hat er sich die Mühe gemacht, jede einzelne Anti-Baby-Pille einer ganzen Monatsschachtel erstaunlich geschickt aus der Blisterverpackung zu drücken und wahrscheinlich auch zu schlucken. Erbrochen hat er sich jedoch erst später, nachdem er meiner Mutter auch noch ein Pfund Butter geklaut und samt Papier schnellstmöglich verschlungen hatte. Die Pille hat er erstaunlich gut vertragen, aber da sollte man sich bei herumliegenden Medikamenten natürlich nicht darauf verlassen, denn sie stellen immer eine Gefahr dar.

Wie ein Staubsauger hat Mikis als Welpe alles Mögliche geschluckt, was er auf dem Boden finden konnte. Beim Gang durch die Fußgängerzone habe ich ihm sogar Zigarettenkippen wieder aus dem Mäulchen herausgeholt. Wie gesagt, manchmal muss man bei Hundekindern die gleichen Vorsichtsmaßnahmen treffen wie bei Menschenkindern, was übrigens eine hervorragende Übung für die spätere Familienplanung ist!

Mikis, hier als erwachsener Hund auf einer seiner vielen Mittelmeerreisen, hat nicht nur als Welpe für ziemlich viel Aufregung gesorgt, sondern war sein ganzes Leben lang eine echte Herausforderung. Mehr dazu auch auf S. 94.

liegengelassen hat. Besonders ärgerlich sind angekaute Puzzleteile und Karten, die gleich ein ganzes Spiel unbrauchbar machen. Kissen, Tapeten und Vorhänge werden gleichfalls gerne genommen – genau wie Autogurte. Das meiste lässt sich ja ersetzen. Doch passen Sie bitte auf, dass Ihr Liebling nicht etwas

erwischt, das ihm schaden kann! Der jungen Cockerspaniel-Hündin einer befreundeten Familie musste sogar einmal ein Stahlwolleschwamm aus dem Magen herausoperiert werden! Aku-Pads riechen eben mitunter nach Küche und Essen. Die Hündin hat es überlebt, aber ihre Rettung war teuer!

Wie viel Mehrarbeit macht ein Welpe?

Ein Welpe hat spitze Milchzähne. Der Zahnwechsel steht bevor, und gerade dann juckt es den Kleinen ganz besonders, überall hineinzubeißen, gerne auch in seine großen und kleinen Menschen. Er meint das natürlich keineswegs böse, und die schlimmste Zeit geht auch bald vorüber, er kann sich damit aber ganz schön wehtun und die Geduld seiner Mitbewohner strapazieren.

Neben guten Nerven braucht man für einen Welpen vor allem eines: viel Zeit. Sehr viel Zeit. Ein Welpe kann keinesfalls den halben Tag alleine gelassen werden. Berufstätige müssen eine Betreuung organisieren. Für die Zeit der Eingewöhnung sollten Sie Ihren Jahresurlaub nehmen. Die Frage ist, ob sich

Auch ein bei Hundekindern sehr beliebtes Spiel: Frau Holle!

das alles lohnt; schon weil aus Hundebabys binnen kürzester Zeit erwachsene Hunde werden. Die Welpenzeit ist so kurz, dass man sie kaum genießen kann.

Dass viele Hundehalter die Arbeit, die ein Welpe macht, unterschätzen, dass für sie dann doch die Nachteile gegenüber den Vorteilen überwiegen, zeigt eine traurige Tierheim-Bilanz: Wie Tierschützer beobachtet haben, werden von ihnen vermittelte Welpen häufiger wieder zurückgegeben als erwachsene Hunde! Das hat natürlich auch ein bisschen damit zu tun, dass man sich für ein so niedliches Hundekind oft allzu spontan entscheidet, weil bei seinem Anblick manches Hirn einfach aussetzt.

Apropos Tierschutz: Welpen sitzen natürlich nicht lange im Tierheim, sondern erobern schnell die Herzen der Besucher und Interessenten. Um ihre Zukunft muss man sich kaum Sorgen machen. Wenn Sie etwas Gutes tun wollen, darf es vielleicht doch ein erwachsener Kandidat sein …?

Können sich auch erwachsene Hunde noch neu eingewöhnen?

Ja unbedingt. Meistens geht das sogar erstaunlich schnell und ohne Probleme. Jährlich werden Tausende von ausgewachsenen Hunden »aus zweiter (oder gar dritter) Hand« erfolgreich vermittelt und lieben nach einer Weile ihre neuen Menschen, als wäre es das Selbstverständlichste der Welt. Selbst die, die im Tierheim noch trauerten, tauen im neuen Zuhause wieder auf. Und das mitzuerleben ist ein ganz großes Glück: Zu beobachten, wie aus einem Häufchen Elend oder Trauerkloß wieder ein fröhlicher Kerl wird, der über eine Wiese stürmt, um in Ihre Arme zu fliegen oder Stöckchen zu holen oder mit anderen Hunden zu spielen, ist einfach unbeschreiblich. Und das sollte Tierfreunden eigentlich wichtiger sein als ein Hund nach Maß oder einer bestimmten Rasse mit beeindruckendem Stammbaum.

Wenn es sich um ein Abgabetier handelt, können die ehemaligen Besitzer oder die Tierschützer, in deren Obhut sich der Hund befindet, den neuen Haltern normalerweise aussagekräftige Informationen mit auf den Weg geben. Bei Fundhunden geht das auch, wenn sie eine Zeit lang im Tierheim oder auf eine Pflegestelle beobachtet werden konnten. Man weiß dann, ob sich ein Hund am liebsten an eine Person bindet, ob er Frauen lieber mag als Männer, was bei ängstlichen Naturen (vor allem aus Südeuropa) oft der Fall ist, ob der Besuch einer Hundeschule empfehlenswert ist… u. v. a.

Oft erstaunen gerade ältere Hunde ihre neue Umgebung, wenn sie sich ausgesprochen lernfreudig zeigen und gerne auch in fortgeschrittenem Alter noch anfangen, irgendwelche Kunststückchen zu machen. Ein Problem könnten jedoch bereits vorhandene Tiere sein. Wenn ein Hund unverträglich ist und gelernt hat, Katzen und Kleintiere als Beute zu betrachten, ist das natürlich ungleich schwerer, ihm das wieder abzugewöhnen, als es bei einem jungen Hund gar nicht erst dazu kommen zu lassen. Aber in vielen Fällen und mit einer kompetenten Rudelleitung funk-

Auch alte Hunde haben noch Freude am Leben und eine neue Chance verdient. Und trotzdem kommen viele nicht mehr aus dem Tierheim raus, weil kaum einer sie haben will.

tioniert selbst das früher oder später. Bernd Schinzel, der Kölner Tierheimleiter (www.tierheim-dellbrueck.de), hat es sogar geschafft, dass sein Kangal (= anatolischer Herdenschutzhund) die Katze mit den älteren Rechten akzeptiert.

Können sich erwachsene Hunde noch an einen neuen Menschen anschließen?

Inwieweit sich erwachsene Hunde an ihre neuen Menschen binden, hängt weniger von ihrem Alter als von ihrem Charakter und ihrer

Vorgeschichte ab. In meiner Familie leben zurzeit zwei etwa gleichaltrige Hunde. Beide waren bereits erwachsen, als wir sie aus zwei verschiedenen Italienurlauben mitgebracht haben. Den Schäferhund-Rüden fand ich vor vier Jahren in erbärmlichem Zustand auf Sizilien. Die fröhlich-wilde Jagdhündin sammelten wir ein halbes Jahr später auf Sardinien ein. Beide haben sich sofort wunderbar eingelebt (nur mit unseren Katzen klappt es – ehrlich gesagt – leider nicht so gut). Der Schäferhund hängt sich jedoch ganz besonders an mich. Vielleicht weil ich es war, die ihn damals gerettet hat, folgt er mir auf Schritt und Tritt wie ein Schatten und liegt auch jetzt wieder dicht neben meinem Schreibtisch, während die sardische Frohnatur die ganze Familie und einfach alle Menschen liebt.

Recht selbstbewusst, noch ein wenig ängstlich oder ganz einfach offen für etwas Neues: Genau wie alle Hunde, so haben auch Tierheimschützlinge ganz unterschiedliche Charaktere und Erfahrungen.

Auch im Vergleich zu meinen bereits verstorbenen Hunden kann ich, was ihre Integration, Lernbereitschaft oder Anhänglichkeit angeht, zwischen denen, die als ich schon als Welpen hatte, und denen, die ich als erwachsene Tiere aufgenommen habe, kaum einen Unterschied erkennen.

Haben Tierschutz-Kandidaten häufig einen Knacks?

Natürlich ist ein erwachsener Hund kein unbeschriebenes Blatt, sondern ein Wesen mit Vergangenheit und mit den verschiedensten, z. T. sehr schlechten Erfahrungen. Insofern ist die Antwort ganz einfach: Es gibt durchaus viele Hunde mit Knacks und Macken; und es gibt mindestens genauso viele ohne, und es gibt alle nur erdenklichen Zwischenstufen. Und selbst wenn ein Hund einen Knacks oder eine schlechte Angewohnheit hat, so heißt das nicht zwangsläufig, dass er seinen neuen Menschen dadurch (viele) Probleme machen wird.

Nicht nur ich bin immer wieder erstaunt, wie freundlich, ja geradezu vertrauensvoll und menschenbezogen sich sogar gequälte Hunde aus allerschlechtester Haltung nach ihrer Rettung zeigen. Und sollte dies nicht so sein, so können Sie sicher sein, dass Ihnen die Tierschützer alles erzählen, was sie über ihren Schützling wissen. Sie tun dies alleine schon deshalb, weil sie überhaupt kein Interesse daran haben, dass es nach einer Vermittlung zu Problemen kommt und das Tier am Ende wieder zurückgebracht wird.

Es gibt nämlich kaum etwas Schlimmeres für einen Hund, als ein gerade gewonnenes Zuhause wieder zu verlieren. Vor allem wenn dies mehr als einmal passiert, bauen sensible Naturen wirklich ab. Manche geben sich regelrecht auf. Und wenn Tierheimmitarbeiter dies beobachten müssen, bricht es ihnen nahezu das Herz. Mitunter stellen die Tierschützer ein Problem sogar dramatischer dar, als es ist, nur um sicherzugehen, dass es am Ende nicht heißt, sie hätten die Interessenten nicht gründlich informiert.

Welche Verhaltensprobleme können gegen elnen Hund sprechen?

Natürlich gibt es Macken oder schlechte Gewohnheiten, die so folgenschwer sind, dass sie dagegen sprechen, einen bestimmten Hund bei sich aufzunehmen:
- Wenn Sie Kinder haben, und der Hund kann Kinder nicht ausstehen oder hat panische Angst vor ihnen oder schnappt auch gerne mal oder hat sogar schon einmal richtig gebissen. Dann sollte Ihre Wahl natürlich nicht gerade auf ihn fallen.
- Ein sehr wachsamer Hund mit Schutzinstinkt kann nur zu Menschen, die damit umgehen können: Sie müssen immer sehr aufmerksam und konsequent sein und dem Hund ständig zeigen, dass nicht er der Herr im Hause ist und die Verantwortung für alle hat.
- Ein Katzenkiller wäre in einem Samtpfotenhaushalt sicher nicht richtig.

Noch ein Appell

Lassen Sie Ihren Hund nicht im Stich! Wenn jemand aufgrund o. g. Macken einen Hund nicht haben möchte, ist das zwar schade für den Hund, aber legitim. Wenn jedoch der eigene Hund im Laufe der Zeit aus irgendeinem Grund solch eine Verhaltensstörung entwickelt, so sollte dies kein Grund sein, sich von einem Tier zu trennen, sondern vielmehr eine Aufforderung, etwas dagegen zu tun! Die Entscheidung für einen Hund ist das Versprechen, in guten wie in schlechten Tagen zusammenzubleiben.

- Auch ein extrem ängstlicher Hund – vor allem, wenn wenig Aussicht auf Besserung besteht (was aber in dieser Intensität sehr selten ist) – kann nur an ungewöhnlich geduldige und einfühlsame Hundefreunde vermittelt werden. Häufig entwickeln solche Hunde gegenüber Frauen schneller wenigstens ein Minimum an Zutrauen. Um bei ihnen eine Chance zu haben, müssen Männer, salopp gesagt, eher den Softie geben.
- Eine echte Macke kann auch ständiges Kläffen sein. Auch das kann sich natürlich im Idealfall bessern, aber zunächst einmal ist es ein Problem, auf das sich Hundefreunde in Mietwohnungen mit dünnen Wänden kaum einlassen können.
- Schließlich gibt es noch das große Problem, dass ein Hund nicht alleine bleiben kann.

Es ist ganz wichtig, dass ein Hund auch einmal alleine bleiben kann.

Hier lassen sich zwei Ursachen unterscheiden: Ist der Hund traumatisiert, etwa, weil er viel zu oft sein Zuhause und seine Bezugspersonen verloren hat und wie ein Wanderpokal ständig weitergereicht wurde? Oder ist er einfach als junger Hund verwöhnt worden und hat schlichtweg nie gelernt, alleine zu bleiben?

Berufstätige, die ihren Hund nicht zur Arbeit mitnehmen können, was ja eher die Regel als die Ausnahme ist, oder Singles kommen für so einen Hund kaum in Frage. Hier müssen Menschen mit Zeit gefunden werden, am besten eine Großfamilie, wo immer jemand zu Hause ist. Was nicht heißt, dass man mit Glück und Einfühlungsvermögen das Tier mitunter doch noch daran gewöhnen kann, auch einmal ohne seine Menschen auskommen zu können – vor allem wenn der zweite Grund dafür verantwortlich ist.

Dies ist ein Überblick über die viel zitierten »Macken« oder »Knackse«, die eine echte Herausforderung oder Überforderung für die neuen Besitzer eines Hundes bedeuten. Für Hunde mit diesen Verhaltensweisen braucht man Menschen, die bereit sind und die Möglichkeiten haben, sich wohlüberlegt auf solch ein schwierigeres Tier einzulassen. Es wird Ihnen keineswegs untergejubelt.

Wer kein »Problemtier« aufnehmen möchte, und das ist völlig legitim, der wird genügend völlig unproblematische Kandidaten finden. Generell halte ich die »Macken« oder Traumata von Tierheimhunden sowohl qualitativ als auch quantitativ für überbewertet und die diesbezügliche Sorge vieler Hundefreunde für übertrieben. Hier kommt es einfach auf eine zuverlässige kompetente Information und Beratung seitens der Tierschützer an.

Sind Hunde vom Züchter geeigneter?

Es gibt auch viele Beispiele für verhaltensgestörte Hunde, die vom Züchter stammen und bereits im zarten, idealen Welpenalter zu ihren Menschen kamen. Manchmal werden sie zu schwierigen Familienmitgliedern, weil ihre Menschen in ihrer Erziehung Fehler gemacht haben. Manchmal zeigen sie Aggressionen, weil sie krank sind und vielleicht Schmerzen haben, ohne dass das jemand weiß. Manchmal ist eine Taubheit nicht bekannt, und die Halter wundern sich, dass ihr Liebling nicht hört. Dalmatiner und andere Hunde(rassen), die überwiegend weiß sind, sind häufig taub und werden von manchem Züchter dennoch als gesunder Hund verkauft. Und noch ein Appell: Es gibt schon genug Hunde! Natürlich gibt es auch ganz viele hochanständige tierliebe seriöse (Hobby-)Züchter, die verantwortungsvoll arbeiten und bei denen Sie die Eltern der Welpen kennen-

lernen und einen liebevoll aufgezogenen perfekt sozialisierten Junghund bekommen, der frei von Erbkrankheiten ist. Aber solange unsere Tierheime voll von netten Hunden sind, die leiden, weil sie kein Zuhause haben, muss man nicht noch mehr Tiere in die Welt setzen, oder?

Wo sollte man keinesfalls kaufen?

Wenn Sie unbedingt einen Rassehund vom Züchter haben wollen, dann gehen Sie nur zu einem Züchter, der Mitglied im VDH, dem »Verband für das Deutsche Hundewesen«, ist und den Sie oder enge Freunde von Ihnen

Unseriöse Züchter

Beim allerersten Hund in meiner eigenen Familie, einem roten Cockerspaniel-Rüden, den meine große Schwester spontan in einem Warenhaus gekauft hatte (heute sind Hunde in Schaufenstern ja Gott sei Dank verboten, damals war das noch erlaubt), stellte sich später heraus, dass er fast blind war. Die Kaufhauskette wollte ihn daraufhin umtauschen. Das hat meine Schwester natürlich nicht gemacht.

Unter Züchtern gibt es unglaublich viele ganz schwarze Schafe, Hundevermehrer und Händler, die das Wort »Züchter« gar nicht verdienen, verantwortungslose Menschen, die trotz bekannter Erbkrankheiten und Überzüchtung aus Profitgier immer weitermachen. Es gibt sogar richtige Betrüger, die in Osteuropa aufgekaufte Welpen ihren eigenen Hunden

unterjubeln, wenn potenzielle Käufer ins Haus kommen und die Eltern ihres Welpen sehen möchten. Kürzlich wurde so ein Fall anhand eines bereits existierenden Mikrochips (das ist der Personalausweis unter dem Fell, der ein Tier jederzeit identifizierbar macht) vom Tierarzt der Käufer entdeckt. Als der Veterinär den ständig kranken Golden-Retriever-Welpen, für den seine Besitzer sehr viel Geld bezahlt hatten, wieder einmal behandeln musste, hat er den alten Chip entdeckt. »Aus liebevoller Hobbyzucht mit Familienanschluss« hatten die Betrüger inseriert. Und das ist leider kein Einzelfall. Die vielen Beispiele kranker und verhaltensgestörter (Rasse-)Tiere, die von »Züchtern« verkauft wurden, die ich hier erzählen könnte, würden den Rahmen dieses Buches sprengen.

möglichst lange schon sehr gut kennen, vielleicht, weil es bereits der dritte oder vierte Hund ist, den Sie hier gekauft haben. Denn die VDH-Mitgliedschaft alleine schließt schlechte Erfahrungen nicht 100-prozentig aus.

Bevor ich von o. g. Betrugsfall (der bei keinem VDH-Züchter passiert ist) gehört hatte, habe ich immer den Tipp gegeben: Lassen Sie sich auf jeden Fall mindestens die Mutter, besser noch beide Elternteile Ihres zukünftigen Familienmitgliedes zeigen. Kaum zu glauben, dass miese Händler eine Hündin, die offensichtlich gerade Junge säugt, präsentieren und behaupten, der zum Verkauf stehende Welpe, der Ihr Wunschkandidat ist, wäre eines ihrer Kinder, obwohl das gar nicht so ist. Wie misstrauisch soll man eigentlich noch sein? Aber ein paar einfache Kriterien gibt es dennoch:

- Kaufen Sie keinesfalls bei einem Züchter, der mehr als zwei Rassen anbietet. Viele haben zufällig gerade alle die Rassen, die zurzeit in Mode sind, d. h., sie müssen viele Würfe auf einmal haben. Und dann ist die Wahrscheinlichkeit gering, dass wirklich alle Welpen »aus liebevoller Hobbyzucht mit Familienanschluss« stammen, wie so gerne in Inseraten behauptet wird.
- Schauen Sie, ob auch alte Tiere zu sehen sind. Es spräche für einen Züchter, wenn er auch ehemalige Zuchthündinnen und Deckrüden noch behält und durchfüttert, auch wenn sie nicht mehr zur Zucht taugen.
- Achten Sie auf das Verhältnis zwischen Menschen und Tieren. Haben die Hunde Angst vor dem Züchter? Oder sind sie mit ihm sehr vertraut? Sind sie gut untergebracht? Sind sie gepflegt und fröhlich?

Labrador (links) und Beagle (rechts) gehören zu den besonders beliebten Rassen, mit denen sich gute Geschäfte machen lassen. Aber beide gibt es in großer Anzahl und Auswahl auch beim Tierschutz.

Was sind Mitleidskäufe?

Mitleidskäufe tätigen tierliebe Menschen, die zwar sehen, dass dort, wo sie kaufen möchten, o. g. Kriterien keineswegs erfüllt sind, die aber, gerade weil es den Tieren schlecht geht, gerade weil ein Welpe bis zum Hals im Dreck sitzt, gerade weil er krank aussieht, nicht ohne Hund weggehen. Das kann man natürlich gut verstehen. Aber leider ist es eine Tatsache, dass durch diese Mitleidskäufe das Leid dieser Tiere langfristig nur vergrößert wird. Vielleicht ist ein Glückspilz der Hölle entkommen, mit jedem Kauf jedoch wird das Geschäft weiter angekurbelt. Wasser auf die Mühlen von Tierquälerei und kriminellen Machenschaften! Häufig hat ein Mitleidskauf zudem selbst für den erstandenen Hund kein Happy End, denn sehr oft sind die Tiere so krank, dass sie selbst bei bester Pflege nicht durchkommen.

Also tun Sie das bitte nicht. Wenn Sie etwas für die Hunde in Not, die Sie gesehen haben, tun wollen, dann machen Sie eine Anzeige beim Veterinäramt oder beim Ordnungsamt oder bei der Polizei. Im Idealfall werden dann alle Hunde aus der schlechter Haltung beschlagnahmt und in die Obhut der örtlichen Tierschutzvereine übergeben.

Das Gleiche gilt mindestens genauso für Spontankäufe auf Märkten in südlichen oder osteuropäischen Ländern oder in Belgien. Ganz schlimm ist auch der Welpenhandel hinter den Grenzen zu Polen oder Ungarn. Dort werden die Tiere am Straßenrand wie Sauerbier angeboten, oft aus dem Kofferraum heraus. Quasi für einen Apfel und ein Ei be-

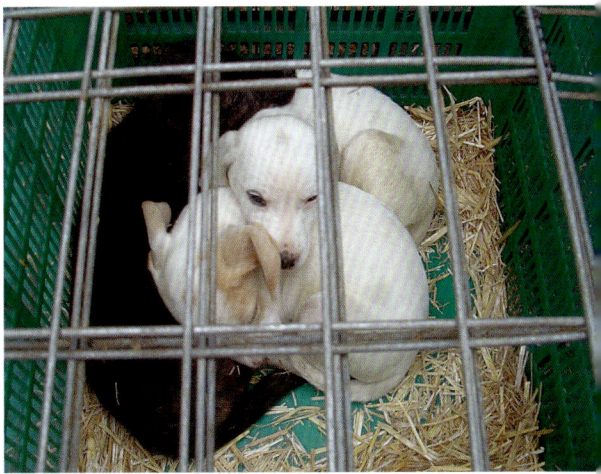

Kaufen Sie niemals bei unseriösen Hundevermehrern und -händlern!

kommen Sie hier angebliche Rassehunde oder niedliche Mischlinge, die entweder schon krank sind oder es noch werden. Was Sie dann an Tierarztkosten ausgeben, übersteigt bei Weitem das, was Sie durch den billigen Preis gespart zu haben glauben.

Gibt es auch beim Tierschutz Welpen?

Ja! Ich weiß nicht, wie oft ich das noch betonen muss. Es scheint irgendwie nicht aus den Köpfen der Menschen herauszubekommen sein, dass sie, wenn sie einen jungen Hund haben wollen, zu einem Züchter gehen müssen. Das ist nicht so. Aber immer wieder komme ich beim Gassigehen mit Hundebesitzern ins Gespräch, die beteuern, dass sie nur deshalb bei einem Züchter gekauft hätten, weil sie eben unbedingt einen Welpen wollten. Wie haben ja bereits darüber gesprochen, dass in der Tat einiges dafür spricht, sich für einen Welpen zu entscheiden. Aber auch diejenigen, die gerne von Anfang an jede Lebensphase ihres Hundes miterleben und prägen wollen, werden beim Tierschutz fündig. Man muss mitunter nur ein wenig länger suchen. Aber dabei hilft heutzutage das Internet. In aller Ruhe können Sie sich von zu Hause aus über den Tierbestand in den Heimen ihrer Region informieren. Denn es kommt immer wieder vor, dass ein Welpe beim Tierschutz landet, dass bereits so ein kleiner Kerl ausgesetzt oder abgegeben wurde.

Manchmal steht sogar ein Karton mit einem ganzen Wurf vor einem Tierheimtor. Oder es

melden sich die Halter einer Hündin, die ungewollt Junge bekommen hat, die ihre Besitzer nun so schnell wie möglich loswerden möchten. Natürlich helfen die Tierheimmitarbeiter dann und nehmen die Babys auf – fast immer allerdings unter der Bedingung, nun die Mutter kastrieren zu dürfen, damit das Problem nicht ständig wieder passiert.

Wo findet man mit Sicherheit auch Welpen?

Falls Sie in den Tierheimen Ihrer Umgebung oder auch weiter weg nicht fündig werden sollten, wird es in jedem Fall klappen, wenn Sie Ihre Recherche auf die Tierschutzvereine ausweiten, die im Ausland aktiv sind. So hat der Verein »RespektTiere« (www.respektiere.com) vor kurzem gleich 18 Prachtwelpen auf einmal übernehmen müssen, die zeitgleich von zwei verschiedenen sardischen Bauern abgegeben wurden. Früher wären diese Hunde wahrscheinlich einfach erschlagen oder ertränkt worden. Mittlerweile hat es sich auch in den südlichen Ländern herumgesprochen, dass es humanere Lösungen gibt – und nette Tierschützer, denen man den unerwünschten Nachwuchs aufs Auge drücken kann. Neben »RespekTiere« betrifft das auf Sardinien auch dessen Schwesterverein »NiemandsHunde« (www.niemandshunde.de).

Eine weitere vielversprechende, aber leider viel zu wenig bekannte gute Adresse ist das Tierschutzzentrum Pfullingen (www.tierschutz-bmt-bw.de) bei Tübingen, das eng

Dieses muntere Trio ist schon in seinen ersten Lebenswochen beim Tierschutz gelandet.

mit einem Tierschutzverein in Rumänien zusammenarbeitet. Weil Hundebabys dort selbst im Tierheim den kalten Winter nicht überleben würden, holt Leiterin Petra Zipp vor allem im Herbst die Junghunde, die bereits entwurmt und zweifach geimpft sind – einer schöner und netter als der andere –, nach Baden-Württemberg, um für sie in Deutschland ein gutes Zuhause zu finden. Leider ist gerade in einer ländlichen Region die Vermittlung schwierig, sodass in diesem Tierheim auch zauberhafte Anfängerhunde mitunter viele Monate sitzen und warten müssen, bis sie jemand mitnimmt. Außerdem gibt es mittlerweile Vereine, die sich auf die Vermittlung von Welpen spezialisiert haben (z. B. www.welpen-in-not-bonn.de).

Vielleicht können Sie aber auch während einer Urlaubsreise einfach selbst einmal in ein südliches Tierheim schauen. Als ich einen Film über Tierschutz auf Lanzarote drehte, hatte das dortige Haupttierheim, nämlich das des Vereins SARA, immer um die 70 Welpen, einer schöner als der andere. Aber die hygienischen Bedingungen in einem so großen Tierheim sind leider nicht so, dass alle diese Kleinen überleben. Stattdessen ist die Welpensterblichkeit gerade in vielen südlichen Tierheimen sehr groß. Sie retten deshalb wahrscheinlich ein Leben, wenn Sie sich hier einen aussuchen. Innerhalb der EU ist die Einreise heutzutage kein Problem mehr, vor allem, wenn die Tiere alt genug sind, um bereits alle Impfungen zu haben. Hundebabys, die zu jung zum Impfen sind, brauchen ein Gesundheitszeugnis. Die Tierschützer vor Ort helfen Ihnen bei den Fomalitäten.

Manche Welpen haben Glück im Unglück: Zwar wollte sie keiner haben, aber sie sind wenigstens gemeinsam mit ihrer Mutter ins Tierheim gekommen und können bei ihr trinken.

Gibt es auch beim Tierschutz Rassehunde?

Rasse schützt vor Tierheim nicht! Dieser Satz bewahrheitet sich leider immer mehr. Während vor 20 Jahren fast nur Mischlinge in unseren Tierheimen saßen, sind heute reinrassige Kandidaten längst keine Ausnahme mehr. Sollten Sie also Fan einer bestimmten Rasse sein, versuchen Sie Ihr Glück! Auch hier erleichtert das Internet die Suche, denn fast alle Tierschutzvereine pflegen professionell gestaltete Seiten mit ihren Vermittlungskandidaten. Wenn es jedoch um Rassehunde geht, sind die zahlreichen auf eine Rasse oder Rassengruppe spezialisierten Tierschutzvereine erfolgversprechende Adresse.

Mittlerweile gibt es nicht nur die bereits erwähnte »Nothilfe für Polarhunde«, die Huskys, Malamuts, Samojeden, Akita Inus und andere

Gerade die bewegungsfreudigen Jagdhunde leiden im Tierheim.

Nordische Hunde sowie deren Mischungen vermittelt, sondern auch »Jagdhunde in Not« und »Windhunde in Not« sowie mindestens einen Verein für folgende Rassen: Australian Shepherds, Berner Sennenhunde, Border Collies, Boxer, Bretonen, Bullterrier, Chow Chows, Collies, Dobermänner, Doggen, Pitbulls, Pudel, Staffordshire Terrier, Retriever (einschließlich Labradore), Rhodesian Ridgebacks, Rottweiler, Schäferhunde, Setter und viele mehr. Ihre Internetseiten finden Sie leicht durch gängige Suchmaschinen. Nehmen Sie Kontakt zu den Tierschützern auf und lassen Sie sich von ihnen beraten. Diese Organisationen beherbergen nicht nur jede Menge geeigneter Kandidaten auf ihren vereinseigenen Pflegestellen, sondern wissen auch, in welchem Tierheim gerade Angehörige »ihrer« Rasse sitzen.

Die 10 am häufigsten verkauften Hunderassen in Deutschland

Nach wie vor verkauft sich keine andere Hunderasse so gut wie der Deutsche Schäferhund! Laut Angaben des VDH werden jährlich alleine durch die ihm angeschlossenen Züchter knapp 17 000 Welpen auf den Markt geworfen, von denen allerdings etliche Tiere ins Ausland gehen. Zwar sind die Zahlen konstant rückläufig, denn 1999 waren es noch knapp 24 000, aber dennoch behauptet der Schäferhund noch immer unangefochten den ersten Platz in der Verkaufsskala deutscher Rassen. Mit großem Abstand folgt übrigens der Dackel mit knapp 7000 VDH-Welpen pro Jahr, auf Platz 3 der Deutsch Drahthaar mit mehr als 3000. Auf Platz 4 und 5 kommen dann die beiden Top-Modehunde unter den großen Rassen: Golden Retriever und Labrador Retriever mit jeweils fast 2500 Welpen. Weiter geht es mit Rottweiler und Pudel, beide mit knapp 1900 Welpen, Boxer und Dogge mit um die 1700 sowie Deutsch Kurzhaar mit knapp 1500 Junghunden, die jährlich allein von VHD-Mitgliedern verkauft werden. Nach Angaben des Verbandes stammen etwa 30 Prozent aller Rassehundewelpen, die in Deutschland verkauft werden, aus VDH-Zuchten.

Was ist die häufigste Hunderasse beim Tierschutz?

Wenn der Schäferhund der meistverkaufte Hund deutscher Züchter ist, so erstaunt es nicht, dass folgerichtig keine andere Rasse so zahlreich in unseren Tierheimen vertreten ist! Von den zahllosen Schäferhundmischungen, die noch dazukommen, ganz zu schweigen. Die vielen Schäferhunde in unseren Tierheimen sind zu bedauern, weil sie häufig sehr lange auf eine Vermittlung warten müssen, wenn es überhaupt dazu kommt. Dabei sind die tollsten Vertreter dieser Rasse unter ihnen auch Hunde, die aus anerkannten VDH-Zuchten stammen, auch wenn das Vertreter des »Vereins für Deutsche Schäferhunde e. V.« (SV) immer wieder bestreiten. Ihr einziges Problem ist einzig und alleine, dass es zu viele von ihnen gibt, die Konkurrenz also zu groß ist – vor allem in den Großstadttierheimen. Dort sitzen sie zum Teil seit Jahren hinter Tierheimgittern, weil nebenan garantiert ein noch schönerer oder noch jüngerer Kollege sitzt, dem dann wieder einmal der Vorzug gegeben wird. Es ist eine Tragödie. Als ich einmal in dem Tierheim von Frankfurt am Main eine Reportage drehte, saßen dort sage und schreibe 60 Schäferhunde und Schäferhundmischlinge in den Boxen. Und da – wie gesagt – gerade große Hunde schlechtere Vermittlungschancen haben, steht ihr Schicksal unter keinem guten Stern. Sind sie dann auch noch alt, werden sie wahrscheinlich im Tierheim sterben. Also, wie wäre es denn vielleicht mit einem Schäferhund? Es kann ja auch ein junger sein … Übrigens: In manchem Ballungsraum-Tierheim gibt es Hunde, die den Schäferhund zahlenmäßig noch übertrumpfen: Dort reihen sich Staffordshire und Pitbullterrier Zwinger an Zwinger und haben noch weniger Chancen, hier jemals wieder herauszukommen.

Vor allem in Großstadt-Tierheimen sitzen die verschiedensten Schäferhunde und deren Mischungen.

Welche Rassen und Mischungen sind eher anstrengend?

Außer den bereits erwähnten Nordischen Hunden gibt es noch weitere Rassen und deren Mischungen, deren Haltung zeitintensiv und eher anstrengend ist: Zu den Hunden, mit denen sich ihre Menschen sehr viel und intensiv beschäftigen müssen, die nicht nur körperlich, sondern auch geistig gefordert und gefördert werden wollen, würde ich folgende zählen:
● Die professionellen **Hütehunde** Border Collie und Australian Shepherd sind nicht nur unermüdliche Arbeiter, sondern auch so intelligent, dass ich sie gerne als »Albert Einsteins« oder »Nobelpreisträger« unter den Hunden bezeichne. Sie besetzen regelmäßig die Spitzenplätze bei Agility- und anderen

Weltmeisterschaften. Wenn ihre Menschen mitmachen, können sie zusammen viel Spaß und Erfolg haben.

● **Herdenschutzhunde** sind echte Persönlichkeiten, die sehr souveräne und selbstbewusste Menschen brauchen, ganz einfach, weil sie selbst sehr selbstbewusste und souveräne Charaktere sind und ihre Rudelleitung sonst nicht ernst nehmen können. Denn Herdeschutzhunde bewachen die Herden ihrer Menschen auch nachts und zu Zeiten, in denen ihre zweibeinigen Kollegen gar nicht vor Ort sind, sodass sie es gewöhnt sind, selbst zu entscheiden, was in kniffligen Situationen zu tun ist. Für ihren Job brauchen sie Mut, denn sie müssen die ihnen anvertrauten Tiere vor Wölfen, Bären oder Wilderern schützen. Wenn keine Herde zur Hand ist, z. B. weil ihre Besitzer keine Schafzüchter sind, bewachen Herdenschutzhunde auch sehr gerne Haus und Hof. Ihren Genen nach denken Sie territo-rial, sind bei jedem Wetter gerne im Freien und sollten ein Grundstück ihr eigen nennen und verteidigen dürfen.

Wie alle Hunde brauchen aber auch sie Familienanschluss, liegen doch die imposanten Riesen gerne auf dem Rücken, um sich ausgiebig streicheln und kraulen zu lassen.

● **Wind- und Laufhunde** haben zwei Gesichter: Im Freien rasen sie wie die Verrückten umher und können schnell und lange gleichmäßig rennen. Man kann sie kaum oder gar nicht von der Leine lassen, weil sie so leidenschaftliche und begabte Jäger sind. In der Wohnung verwandeln sie sich in dekorative Softies, die es gerne gemütlich haben und keinen Stress machen. »Zu Hause bemerkt man sie gar nicht!«, betonen viele begeisterte Windhundehalter immer wieder, »weil sie so ruhig und sanft sind.« Also nur draußen sind sie anstrengend; das ist doch schon einmal ein Vorteil, der uns ein wenig entspannen lässt.

● **Terrier** sind generell drahtige Temperamentsbolzen, die kaum müde zu kriegen sind und sich gerne mit allem und jedem anlegen. Die Redewendung »sich festbeißen wie ein Terrier« hat schon ihren Grund. Vor allem viele Jagdterrier sind ganz besonders anstrengend und in einem normalen Haushalt kaum auszuhalten. Sie sollten dort leben, wo ihre ausgeprägten Talente erwünscht sind: bei Jägern und Förstern! Offensichtlich wissen aber gerade viele Jagdterrier-Käufer nicht, was sie sich da ins Haus holen, und geben ihre Hunde häufig wieder ab. In den Tierheimen sitzen darum überproportional viele Jagdterrier. Ihre Anzahl wird jedoch eindeutig von den Jack Russell Terriern übertroffen. Kaum ein

Selbstbewusst und stolz, souverän und würdevoll: Ein Kangal weiß, wo's langgeht.

(Großstadt-)Tierheim, das nicht mitunter sechs Jack Russell Terrier gleichzeitig beherbergen muss. Schon Junghunde landen hier, weil sie ihren Besitzern zu anstrengend geworden sind und/oder weil ihr Jagdtrieb sie zur Verzweiflung bringt.

Es ist ein echtes Drama: Die attraktiven Kerlchen sind richtig in Mode gekommen. Denn weil sie so klein und niedlich sind, denken viele, sie wären einfach zu halten. Ein fataler Irrtum. Tierschützer vermitteln deshalb besonders gerne an Menschen, die schon mindestens einen Jack Russell hatten und daher wissen, was auf sie zukommt.

Jack-Russell-Fans werden also mit Sicherheit beim Tierschutz fündig und unter mehreren geeigneten Kandidaten wählen können. Sie sollten darum nicht ihre weitere »Produktion« ankurbeln. Es gibt so eindeutig viel mehr Jack Russell Terrier als wirklich geeignete Plätze für diese anstrengenden Hunde. Und gerade weil sie so bewegungsfreudig und temperamentvoll sind, leiden sie in den Tierheimen natürlich immens. Solange so viele Angehörige dieser Rasse so leben müssen, sollten ihre Züchter ein verantwortungsvolles Zeichen setzen und mit der Zucht aussetzen.

● **Jagdhunde** sind fast immer sehr menschenfreundlich und kinderlieb, nette, unkomplizierte Kumpel. Falls sie jedoch über einen ausgeprägten Jagdtrieb verfügen und ihre Ohren auf Durchzug stellen, wenn sie eine Fährte aufnehmen, kostet das ihre Menschen allerdings viel Zeit und Nerven. Entweder man leint sie nicht ab oder man nimmt längere Wartezeiten in Kauf und etwas zu Lesen mit, wenn man mit ihnen in Wald und Flur spazieren geht.

Schnell wie der Wind: Laufhunde wollen am liebsten rennen.

Klein und niedlich – und doch immer häufigerer Gast im Tierheim: der Jack Russell.

Es steckt einfach in ihnen drin: Jagdhunde gehen durch dick und dünn.

Gibt es auch weniger bewegungsfreudige Hunde?

Die gibt es in jedem Fall, aber das bedeutet nicht, dass sie sich gar nicht bewegen wollen. Natürlich müssen alle Hunde an die frische Luft und mehrmals täglich Gassi gehen. Aber man kann durchaus auf Rassen und Mischungen treffen, die komplett anders, ja das Gegenteil von denen sind, die in der Antwort zuvor behandelt worden sind. Sie wollen nicht ständig und nicht allzu viel laufen. Sie mögen es auch einmal gemütlich.

Häufig ist diese Eigenschaft bei Tieren ausgeprägt, die eher groß und schwer sind. Einem Bernhardiner, Neufundländer, Landseer oder Sennenhund sieht man auf den ersten Blick an, dass er zwar gerne und teilweise auch gerne lange spazieren geht, aber nicht unbedingt stundenlang Jogger oder Radfahrer begleiten möchte. Chow Chows dagegen gelten eindeutig als laufunfreudig. Das kommt daher, dass diese spitzartigen Hunde nicht zum Laufen, Hüten, Jagen oder sonstigen Aktivitäten gezüchtet worden sind, sondern um möglichst schnell an Gewicht zuzulegen, denn sie stammen aus China, wo üblich ist, Hunde zu essen. So leitet sich wohl auch der Name »Chow Chow« aus dem kantonesischen Wort für »Nahrung« ab. Aber jetzt bitte keinen Chow Chow kaufen, nur, weil man einen faulen Hund haben möchte. Wie alle Hunde(rassen), so hat auch der Chow Chow noch etliche andere Eigenschaften, die man beachten sollte.

Obwohl sie zu den Jagd- und Apportierhunden zählen, sind auch die freundlichen Labrador Retriever oft ruhigere Naturen. Deswegen eignen sie sich ja auch so gut als Altersheim-Besucher, Therapie- und Blindenführhunde. Ist allerdings Wasser in der Nähe, kennen sie kein Halten mehr und verwandeln sich in ungestüme Powerpakete.

Allerdings: Ich würde mich aber auf all die Rassecharakteristika nicht 100-prozentig verlassen. Hunde sind lebendige Individuen, jeder ist anders, und Ausnahmen bestätigen bekanntlich die Regel. Zuverlässiger sind die Aussagen der Menschen, die einen Hund gut kennen, seien es die früheren Besitzer oder die Tierschützer, in deren Obhut er sich befindet.

Viele Chow Chows halten es wie Winston Churchill: »No sports!«

Wo werde ich gut beraten?

Es gibt viele seriöse Züchter und deren (Dach-)Verbände. Und gute Züchter verscherbeln ihre Welpen auch nicht an jedermann

In guten Tierheimen legen die Mitarbeiter größten Wert auf ausführliche Beratung und Vorgespräche. Sollte dies nicht der Fall sein, bleiben Sie hartnäckig – der Tiere wegen.

und schon gar nicht an Interessenten, die offensichtlich nicht geeignet sind. Aber sehr, sehr viele andere tun es eben doch. Ihnen geht es ums Verkaufen. Viele verkaufen, ohne verantwortungsvoll zu beraten. Und nicht selten geht dann ein 80-Jähriger mit einem Jack-Russell-Welpen nach Hause. Siehe hierzu auch Seite 40/41 »Welche Rassen und Mischungen sind eher anstrengend?«.
Keinerlei kommerzielle Interessen haben Tierschutzvereine. Das ist schon einmal gut. Aber leider gibt es selbst unter den Tierschützern einige schwarze Schafe, die sich nicht die nötige Zeit nehmen oder nicht kompetent genug sind, ihre Besucher und Interessenten umfassend zu beraten. In manchen Tierheimen

sind die MitarbeiterInnen mitunter einfach überlastet. Vor allem in größeren Einrichtungen können die Interessenten Glück oder Pech haben, je nachdem, an wen sie zufällig geraten. Denn leider kommt es auch immer wieder zu Beschwerden über unfreundliche Tierschützer. Die zeigen nämlich nicht immer Talent und Interesse für Kommunikation. Viele Vereine haben dieses Problem allerdings inzwischen erkannt und bereits begonnen, etwas dagegen zu unternehmen. Sie schulen ehrenamtliche wie angestellte Mitarbeiter im Umgang mit Besuchern und Interessenten. Ansonsten gilt das, was ich unter »Haben Tierschutz-Kandidaten häufig einen Knacks?« (Seite 30/31) geschrieben habe.

Mein Tipp

Pflegestellen werden ständig von den Tierschutzvereinen gesucht. Falls Sie vielleicht
erst einmal ausprobieren möchten, wie es
so ist, einen Hund zu haben, und ob er
Ihnen auch wirklich Freude macht, dann
sollten Sie sich zunächst einmal als Pflegestelle zur Verfügung stellen und können
dabei auch noch etwas Gutes tun.

Hunde, die auf Pflegestellen untergebracht sind,
können von den Tierschützern noch besser beobachtet und eingeschätzt werden als ihre Artgenossen in den Heimen.

Was sind Pflegestellen?

Es gibt zwei Möglichkeiten, Hunde vom Tierschutz zu bekommen: erstens die verschiedenen großen und kleinen Tierheime und zweitens Vereine und Initiativen, die mit
Pflegestellen arbeiten. Oft sind letztere jüngere, kleinere und ganz besonders engagierte
Organisationen. Ihre Schützlinge leben auf
verschiedenen Pflegestellen und haben Familienanschluss, so wie später im endgültigen
Zuhause. Der Vorteil: In der Regel können
diese Pflegefamilien noch besser über einen
Vermittlungskandidaten Auskunft geben als
die Tierpfleger in einem (großen) Tierheim.
Da der Hund seit einigen Wochen mit bei
ihnen in der Wohnung lebt, konnten sie beobachten, wie er in verschiedenen Situationen
reagiert, ob er die Katze vertreibt, die Kinder
liebt, Besucher anknurrt, die Nachbarn ver-
bellt, Türen öffnen kann, andere Hunde akzeptiert, ob er wachsam ist und anschlägt,
wenn es klingelt, ob er das Autofahren verträgt, gerne im Bett schläft, Essen vom Tisch
klaut und Jogger jagt, ob er alleine bleiben
kann, sehr konsequente Menschen braucht,
ob er in die Hundeschule zu den Strebern gehört, ob er sich gerne bürsten lässt, wie er mit
einer Behinderung zurechtkommt, falls er
eine hat, ob er gesund ist, welches Futter er
evtl. nicht verträgt, wovor er Angst hat, ob es
sich um einen Anfängerhund handelt etc., etc.
Vieles davon können Ihnen natürlich auch die
Tierschützer in den Tierheimen erzählen –
aber wer den ganzen Tag mit einem Tier in den
eigenen vier Wänden verbringt, der kann es
eben einfach noch detaillierter beschreiben.

Die auf Seite 37/38 aufgelisteten Vereine arbeiten hauptsächlich mit Pflegestellen. Genau wie viele Initiativen, die sich auf Auslandstierschutz und die Rettung herrenloser Hunde aus südlichen und östlichen Ländern spezialisiert haben. Manchmal sind jedoch alle Pflegestellen belegt oder ein Hund ist so unverträglich, dass er nicht in einen Haushalt mit bereits vorhandenen Tieren integriert werden kann. Dann müssen die Tierschützer meist in den sauren Apfel beißen und Geld für eine Hundepension aufbringen.

Der Nachteil an den Pflegestellen-Vereinen ist, dass Interessenten nicht so schnell und einfach viele Hunde auf einmal angucken und vergleichen können wie in einem Tierheim, sondern dazu verschiedene Pflegestellen abklappern müssen. So kommt es, dass gerade dort viele ausgesprochen attraktive und unproblematische Hunde zu finden sind und dennoch häufig länger auf ihre neuen Menschen warten müssen, weil es einfach nicht die Besucherfluktuation gibt wie in einem Tierheim. Für diejenigen, die den Weg in eine – vielleicht mitunter auch ein wenig entlegene – Pflegestelle finden, kann das jedoch wieder ein Vorteil sein! Sie finden hier die tollsten Hunde, die in einem Tierheim so schnell vermittelt worden wären, dass man sie als Besucher kaum zu Gesicht bekommt.

Was sollte man bei einem Hund aus dem Ausland beachten?

Vor allem, wer einen sehr freundlichen und unproblematischen Hund sucht, der mög-

> ## Mein Tipp
>
> Dem Internet sei Dank, dass sich Interessenten heutzutage in aller Ruhe zu Haus erst einmal über den Bestand eines Vereins auf dessen unterschiedlichen Pflegestellen informieren können, bevor sie Kontakt aufnehmen und irgendwo hinfahren. Manchmal bringen auch Tierheime den ein oder anderen Schützling auf einer Pflegestelle unter, z. B. wenn ihr Hundehaus schon völlig überfüllt ist oder wenn es sich um ein krankes, behindertes oder besonders sensibles oder verängstigtes Tier handelt – oder um Welpen, die besondere Pflege und Betreuung brauchen.

lichst auch noch jung ist, kann bei einem Verein, der Hunde aus Süd- oder Osteuropa davor bewahrt, dort getötet zu werden, und sie zwecks Vermittlung nach Deutschland, Österreich oder in die Schweiz bringt, in der Regel schneller fündig werden als in einem Tierheim. Nicht dass es diese problemlosen netten Anfängerhunde nicht auch in unseren Tierheimen gäbe, nur dort sind sie – wie gesagt – immer ganz schnell weg, und man muss dann oft ein bisschen warten oder weitersuchen.

Bei Vereinen wie NiemandsHunde und RespekTiere, die auf Sardinien helfen, bei Viva la Hund und der Tierhilfe Mallorca, bei ALBA und ANNA Madrid, beim TSV Santorini, bei der Arche Noah Kreta, bei der Arche Noah Teneriffa, bei der Tierhilfe Fuerteventura, bei Tier-

Dieser freundliche Mischling wartet in einem ungarischen Tierheim auf nette Hundefreunde, die ihn hier rausholen.

Hunde aus dem Süden sind häufig nicht nur sehr menschenfreundlich, sondern auch fast immer mit Artgenossen verträglich, bescheiden und anpassungsfähig. Mitunter müssen sie noch viel kennenlernen, weil sie vielleicht sogar noch nie ein Zuhause hatten und mit Menschen leben durften. Manchmal sind sie sehr ängstlich, weil sie als Streuner und Straßenhund schlecht behandelt worden sind. Sollten Sie sich für einen Hund aus dem Ausland entscheiden, so achten Sie darauf, dass der Glückliche einen sogenannten Mittelmeercheck hat, d. h. auf verschiedene Krankheiten getestet worden ist, die speziell in den wärmeren Ländern rund ums Mittelmeer sowie in Portugal vorkommen, etwa Leishmaniose, Ehrlichiose und Herzwurm. Aber auch, was das angeht, so beraten die Tierschützer Sie ausführlich und sachkundig. Und mittlerweile kennen sich auch immer mehr unserer mitteleuropäischen Tierärzte mit diesen Krankheiten aus.

hilfe ohne Grenzen (Loulé/Portugal), bei Animal Pard Net (Nordgriechenland), beim Bund gegen den Missbrauch der Tiere (BMT), beim Europäischen Tier- und Naturschutz (ETN) sowie in einigen Vereinen des Deutschen Tierschutzbundes (DTSchB), die im Ausland helfen, werden Sie jedoch mit Sicherheit schnell oder sofort fündig werden. Selbst putzmuntere Welpen im idealen Abgabealter sind hier keine Seltenheit (vgl. Seite 35/36 unter »Wo findet man mit Sicherheit auch Welpen?«) Nutzen Sie auch hier wieder die enorm hilfreichen Internetseiten dieser Vereine.

Übrigens: Um einen Hund aus dem Ausland mitzunehmen, braucht er, wenn es sich um ein EU-Land handelt, einen internationalen Impfpass mit einer gültigen Tollwutimpfung, die mindestens 30 Tage alt sein muss, und einen Mikrochip, der aber sowieso ausgesprochen sinnvoll ist, weil er den Hund jederzeit identifizierbar macht. Der Aufwand hält sich also in Grenzen, wenn Grenzen überschritten werden – allerdings nur innerhalb der EU. Es ist auch von anderen Ländern aus nicht völlig unmöglich, aber doch ungleich aufwendiger (Türkei, Ägypten, Tunesien etc.). Mehr dazu in Kapitel 9.

Alle meine Hunde

Meinen ersten eigenen Hund, Mikis aus Griechenland, hatte eine Bekannte von mir als Rucksacktouristin auf einer ägäischen Insel als Neugeborenes noch mit der Nabelschnur und geschlossenen Augen zusammen mit einem Geschwisterchen in einer zugebundenen Plastiktüte am Strand gefunden. Ziemlich eindeutig, dass in diesem Fall keine Familie Tränen um einen entführten Hund vergießen wird!

Danach haben ich bis heute viermal Hunde aus Südeuropa mit nach Hause genommen und behalten: Eine Hündin befand sich in einer Tötungsstation in Almeria. Sie wäre am nächsten Tag umgebracht worden. Da war ganz unbestritten sie mitzunehmen ihre letzte Rettung. Bei zwei anderen Hündinnen haben mein Mann und ich uns ausführlich bei allen möglichen Leuten erkundigt, ob sie auch wirklich herrenlos sind, denn noch befanden sie sich jeweils in gutem Pflege- und Ernährungszustand. Aber in beiden Fällen wurde uns zuverlässig versichert, dass sie niemandem gehören und sogar ganz konkret Gefahr laufen würden, bei nächster Gelegenheit als Streuner vergiftet zu werden. Der vierte Hund lag am Rand einer wenig befahrenen kleinen Straße und befand sich in so erbärmlichen Zustand, dass eigentlich jedes Nachfragen überflüssig war. Ich tat es dennoch und erfuhr, dass der Schäferhund seit Mai an besagter Straße neben den Mülltonnen liegt und versucht, sich von Abfall zu ernähren. Als er todkrank geworden, zum Skelett abgemagert war und kaum noch aufstehen und laufen konnte, war es Oktober!

In Wirklichkeit sah Matteo noch elender aus als auf diesem Foto, das, wenige Tage nachdem ich ihn aufgelesen hatte, noch auf Sizilien entstanden ist.

Welch ein Unterschied gut drei Jahre später: Es hat viele Monate gedauert, bis Matteo so aussah. Beachtenswert ist, dass sich sogar seine Farbe verändert hat.

Was braucht ein Hund?

Die Frage ist berechtigt. Denn was Bedürfnisse und Grundausstattung eines Hundes angeht, haben viele Menschen entweder erstaunlich naive, völlig falsche oder gar keine Vorstellungen. Was für ein glückliches Haustierleben wirklich wichtig ist, sind liebevolle und aufmerksame Menschen, die ihren Schützling gut versorgen, Zeit für gemeinsame Spaziergänge und andere Unternehmungen haben und ihm ansehen und sich um ihn kümmern, wenn es ihm nicht gut geht, und die ihn nicht gleich bei den ersten Problemen leichten Herzens abgeben.

Was ist für einen Hund am wichtigsten?

Sie! Seine Menschen sind für den Hund sein Ein und Alles. Manche Hunde binden sich

Ob groß, ob klein, ob jung, ob alt: Ein Hund braucht Menschen und Sozialkontakte – möglichst viele und möglichst enge.

extrem an ein Familienmitglied, andere sehen das lockerer und freuen sich über alle, die zum Rudel gehören, und können ihre Zuneigung verteilen. Natürlich wird ein Hund auch den Kühlschrank lieben und seinen Napf, aber sein Mensch oder seine Menschen sind für ihn der Nabel der Welt. Daraus ergibt sich schnell, was Sie für Ihren Hund haben müssen: Liebe und Zeit. Manchmal vielleicht auch noch Geduld, aber die gehört zu Liebe und Zeit ja eigentlich dazu.

Vor allem, was die Zeit angeht, so variiert der Aufwand allerdings je nach Hund und dessen Temperament. Sie brauchen Zeit, um einen Hund zu erziehen. Sie können aber auch das große Glück haben und einen bereits gut erzogenen Hund bekommen. Das ist dann natürlich kein Welpe, sondern ein sogenannter Secondhand-Hund, der schon einmal ein Zuhause hatte. Die Mitarbeiter und Helfer eines Tierheims kennen ihre Pappenheimer und wissen, bei welchen ihrer Schützlinge man mehr oder weniger viel Zeit für Erziehung oder gar Hundeschule einkalkulieren muss.

Es gibt nämlich anstrengende und weniger anstrengende Kandidaten: Für die bereits erwähnte Sportskanone brauchen Sie natürlich mehr Zeit als für einen, der gerne viel schläft. Aber wenn Sie sowieso regelmäßig joggen, dann macht es keinen Unterschied, ob sie alleine oder in vierbeiniger Begleitung laufen – außer, dass es Ihnen wahrscheinlich zu zweit noch mehr Spaß macht. Merke: Sich einen Hund mit den gleichen Hobbys und Interessen zu suchen spart Zeit – und macht glücklicher.

Was gehört zur Grundausstattung?

Was ein Hund an Utensilien braucht, ist völlig unkompliziert und überschaubar: Zwei Schüsseln oder Näpfe für Futter und Wasser. Dann benötigen Sie noch Leine und Halsband oder Brustgeschirr. Es empfiehlt sich, von allem noch ein Exemplar in Reserve vorrätig zu haben, denn besonders Leinen können immer einmal kaputtgehen (z. B. zerbissen wer-

Für die Fellpflege gibt es eine große Auswahl verschiedener Bürsten.

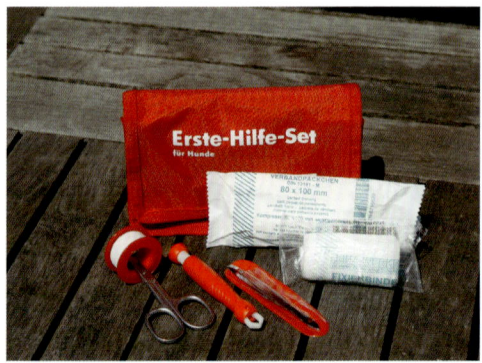

Auch für Haustiere gibt es handliche Erste-Hilfe-Sets, die auch unterwegs dabei sein sollten.

den!!), verloren oder verlegt werden. Ich habe sicherheitshalber immer noch eine Leine im Auto und im Urlaubsgepäck – nicht zuletzt auch für den Fall, dass mir ein ausgesetzter oder entlaufener Hund begegnen sollte. Zur Grundausstattung fehlt noch eine gute Bürste, am besten eine, die auf ihren beiden Seiten verschiedene Borsten oder Stacheln hat. Eine Zeckenzange sollte unbedingt immer griffbereit sein. Auch davon gleich mehrere in Badezimmer, Wanderrucksack und Auto zu deponieren wird sich schon bald als guter Gedanke erweisen. Kein Muss, aber praktisch sind die handlichen Erste-Hilfe-Täschchen, die es inzwischen auch ganz gezielt für Haustiere gibt. Gerade für Hunde, die – vielleicht aufgrund ihres Lebenswandels oder ihrer Begeisterung für duftende Misthaufen – häufiger gebadet und gewaschen werden müssen, empfiehlt sich zudem ein spezielles Hundeshampoo.

Übrigens: Das sind auch genau die überschaubaren Dinge, die Sie zusammen mit einer Decke und Ihrem Hund bei der netten Person abliefern, die bereit ist, Ihren Liebling zu hüten, falls Sie an einen Ort reisen, an den Sie ihn nicht mitnehmen können.

Ach ja, und in diesem Fall je nach Faible des Hundes Kauknochen, Lieblingsspielzeug und evtl. Schmusekissen bloß nicht vergessen. Gut ist vielleicht noch ein eigenes Hundehandtuch, denn manche legen Wert darauf, dass zwischen Hunde- und Menschenhandtüchern unterschieden wird, selbst wenn sie frisch gewaschen sind. Wer viel Geld für besondere Accessoires ausgeben möchte, kann dies tun.

Aus Sicht des Hundes ist vor allem eines wichtig: ein großer Napf!

Was ist bei den Näpfen zu beachten?

Für diejenigen, die gerne mit Hund reisen, empfehle ich Ess- und Trinknäpfe aus Kunststoff oder Edelmetall, die man platzsparend ineinanderstecken kann. Die aus Edelmetall sind etwas teurer, aber auch schicker. Es gibt natürlich auch ganz besonders schön gestaltetes Hundegeschirr aus Keramik, Steingut oder Porzellan. Menschen können daran viel Freude haben. Da Hunde dagegen mehr Freude am Inhalt eines Napfes haben, ist ihnen deren Design egal. Manchmal, wenn auch selten, kommt es doch vor, dass Hunde vernünftiger sind als ihre Halter. Ich persönlich würde von zerbrechlichen Näpfen ab-

Mein Tipp

Spielen Sie ab und zu Verstecken! Die provokative These lautet: Zu viel Regelmäßigkeit macht doof! Während man früher immer dafür plädiert hat, dass der Hund einen festen Essplatz brauche, sieht man das heute ganz anders: Warum soll man es ihm so leicht machen? In der freien Natur finden und erlegen die Wölfe ihre Beute auch nicht immer an derselben Stelle, sondern müssen flexibel bleiben.

raten, weil sie früher oder später kaputtgehen bzw. in angeschlagenem Zustand auch nicht mehr schön aussehen. Je nach Temperament und Verfressenheit gehen Hunde nämlich keineswegs sorgsam mit ihren Näpfen um, sondern schieben sie gerne irgendwo dagegen. Sonderfall Cockerspaniel & Co.: Für Spaniel und andere Hunde mit langen Hängeohren gibt es besondere Näpfe. Sie sind schmal und hoch, sodass gerade der (Cocker-)Kopf hineinpasst, seine lange Ohren sich jedoch außerhalb des Napfes befinden, damit sie nicht im Futter hängen. Das ist ein nicht zu unterschätzender Vorteil, findet es doch gerade so man-

Große Hunde sollten ihren Napf in aufrechter Haltung leeren können. Das ist kein großer Aufwand, denn auch unterwegs findet sich fast immer ein ideales Podest.

cher Cockerspaniel gar nicht lustig, wenn seine Menschen ihm nach den Mahlzeiten die Ohren waschen möchten.

Wo soll der Napf stehen?

Logisch, dass beide Näpfe an einem Ort stehen sollten, wo es leicht ist, darum herum zu putzen. Oft empfiehlt sich eine abwischbare Unterlage. Ich füttere meine Hunde gerne auf der gefliesten Terrasse und im Sommer im Garten. Dagegen muss ein gefüllter Trinknapf zentral und jederzeit erreichbar platziert werden.

Doch beim Futter soll sich Ihr Hund ruhig ein bisschen anstrengen und suchen. So ist er beschäftigt und trainiert sein Hirn. Ich habe mir das von Tierpflegern im Zoo abgeschaut, die hier ausgesprochen erfindungsreich sind. In einem Garten können Sie natürlich noch viel fantasievoller vorgehen. Warum nicht zur Abwechslung auch einmal Spuren legen, das Futter verstreuen oder sogar irgendwo anbinden, wo sich der Hund strecken und anstrengen muss, um es zu kriegen? Vor allem bei faulen Naturen mit etwas Übergewicht ist das eine sinnvolle Maßnahme. Die Schwierigkeitsgrade können einfühlsam gesteigert werden, wobei darauf zu achten ist, dass der Hund nicht überfordert wird und dann den Spaß verliert.

In einem spanischen Tierheim habe ich einmal beobachtet, wie der Tierheimleiter die Hunde in ihren großen Ausläufen wie Hühner füttert. Er greift in einen Eimer und verstreut überall kleine Trockenfutterteile. Die Hunde brauchen

Mein Tipp

Seit ich zufällig gemerkt habe, dass unsere Näpfe genau in einen ganz normalen Putzeimer passen, zweckentfremde ich diesen als Ständer. Das ist sehr praktisch, denn ein Eimer fällt nicht um und kostet fast nichts. Bei besonders wilden Kraftprotzen kann man den Eimer sicherheitshalber mit Sand oder Steinen beschweren.

ziemlich lange, um alles aufzusammeln. Mehr Beschäftigung führt hier zu weniger Aggressionen. Außerdem können die Hunde viele kleine Leckerchen auf dem Boden nicht so verteidigten wie eine gefüllte Futterschüssel!

Wann braucht der Napf ein Gestell?

Für große Hunde ist es gesünder, wenn sie sich beim Essen gerade halten können. Deswegen bietet der Fachhandel entsprechende Gestelle für ihre Näpfe an. Das ist aber fast immer eine ziemlich wackelige und oft im wahrsten Sinn des Wortes umwerfende Angelegenheit.

Wenn Sie Ihren Hund unterwegs füttern, brauchen Sie natürlich weder Gestell noch Eimer mitzunehmen, sondern stellen den Napf einfach auf eine Bordsteinkante oder auf einen Schemel. Aber natürlich ist es auch nicht schlimm, wenn das Futter zwischendurch ausnahmsweise einmal wieder auf dem Boden steht.

Wozu braucht man eine Schleppleine?

Eine Schleppleine – d. h. eine Leine, über die der Vierbeiner nicht mit seinem Menschen verbunden ist, sondern die er hinter sich her-»schleppt« – benutzt man für Hunde, die man nicht oder noch nicht gefahrlos von der Leine lassen kann. In der ersten Zeit sollten Sie einen neuen Hund nur in einem eingezäunten Grundstück frei laufen lassen. Beim Spaziergang dagegen sollten Sie damit warten, bis eine eindeutige Bindung zwischen Ihnen und dem Hund entstanden ist. Sie erkennen das daran, dass der Hund Sie begeistert begrüßt, Ihre Nähe sucht und vor allem dass er kommt, wenn Sie ihn rufen.

Aber selbst wenn die Bindung mehr als stimmt und innig und intensiv ist, kann man einige Hunde noch immer nicht risikolos ableinen. Manche haben einfach einen extrem ausgeprägten Jagdinstinkt und sind so schnell wie der Blitz – und das Kaninchen vor ihrer Nase – aus Ihrem Blickfeld verschwunden. Andere haben einfach einen unbändigen Freiheitsdrang und düsen gerne plötzlich nach Lust und Laune los. Vielleicht sind sie das aus ihrem früheren Leben noch so gewohnt, falls sie sich einst selbstständig als herrenlose Strand- und Straßenhunde durchschlagen mussten.

Den Hund mit einer Schleppleine herumlaufen zu lassen, löst das Problem natürlich nicht. Sie macht das Weglaufen unwahrscheinlich, aber sie verhindert es nicht zuverlässig. Denn, wie der Name schon sagt, zieht der Hund die Schleppleine hinter sich her; sie ist aber nicht mit dem Hundehalter verbunden. Er kann sie jedoch schnell greifen oder notfalls drauftreten, wenn der Hund ausbüchsen will. Es ist aber auch schon passiert, dass ein Hund samt Schleppleine abdüst. Dann besteht natürlich die Gefahr, dass er irgendwo hängen bleibt und sich die Leine im Gestrüpp verheddert.

Eine Laufleine sollte lang genug sein, damit sie sich beim gemeinsamen Laufen nicht gleich strafft und sich sowohl Hund als auch Mensch möglichst frei bewegen können.

Die Schleppleine dient dem Training. Mit ihr soll der Hund in Ihrem Einflussbereich bleiben. Rufen Sie ihn und ziehen ihn daraufhin sanft zu sich. Bei Ihnen angekommen, wird er gelobt, gestreichelt und mit einem Leckerchen belohnt. So lernt er zu kommen, wenn er gerufen wird. Wenn er das beherrscht, können Sie später wieder auf die Schleppleine verzichten.

Wann benutzt man eine Laufleine?

Im Unterschied zur Schleppleine ist die Laufleine mit dem Menschen verbunden. Sie ist eine überlange Leine, die man sich umbindet oder mit einem Karabinerhaken an einer Art Gürtel festmacht. Es gibt sie in den verschiedensten Längen wie z. B. 5, 10, 15 oder 20 Meter. Laufleinen sind für die aussichtslosen Fälle gedacht und ermöglichen denjenigen Hunden, die man einfach nicht ableinen kann, mehr Freiheit beim Spaziergang. Und ihre Menschen haben damit wenigstens die Hände frei, was auch sehr angenehm sein kann.
Eine Laufleine benutzt man in den Fällen, in denen auch die Schleppleine zum Einsatz kommt, also bei Jagdtrieb, Freiheitsdrang und Unerzogenheit. Für sie gibt es aber noch zwei weitere Gründe: Erstens: Extrem ängstliche Hunde, bei denen die Gefahr besteht, dass sie aus irgendeinem Anlass (Lärm, Schuss, Elektrozaun, andere Tiere etc.) so in Panik geraten, dass sie unkontrolliert loslaufen, sollten auf diese Weise gesichert werden. Die scheue Schäferhündin einer Freundin ist einmal bei einem Spaziergang mit einem Elektro-

zaun in Berührung gekommen. Der Stromstoß hat sie so in Panik versetzt, dass sie viele Kilometer rannte und rannte und rannte und schließlich zwei Tage später, von einem Zug überfahren, auf 12 km entfernten Bahngleisen gefunden wurde. Zweitens: Ein Hund, der anderen Hunden gefährlich werden kann, weil er unverträglich und aggressiv ist, kann leider auch kaum abgeleint werden.
Für Jogger oder Radfahrer gibt es spezielle Laufleinen, die man sich wie einen Gürtel um die Taille schnallen kann. Das ist schon einmal eine Erleichterung. Im schlimmsten Fall wird man nie auf eine Leine verzichten können. Polarhunde, Jagdhunde und Jack Russell Terrier sowie Windhunde (Galgos, Greyhounds, Podencos) stehen unter dringendem Verdacht, dass dies so ist!
Lauf- und Schleppleinen gibt es in ganz verschiedene Farben. Sie sind aus robustem Nylon und lassen sich leicht reinigen. Trotzdem ist es bei Matschwetter eine ziemliche Sauerei und noch lästiger als sonst, damit unterwegs zu sein.

Was ist besser: Halsband oder Brustgeschirr?

Inzwischen schwören immer mehr Tierfreunde auf ein Brustgeschirr statt auf ein Halsband, und das Geschirr findet immer mehr Verbreitung. Vor allem gesundheitliche Vorteile sind hierfür ein Grund, denn jeder kräftige Leinenruck belastet die Wirbelsäule und kann dem Hund Schmerz verursachen. Aber ein falscher und rabiater Gebrauch von Halsband und

In vielen Fällen und auf vielen Fellen ist das Brustgeschirr eine gute Alternative zum klassischen Halsband.

Schmerzen statt Erziehung: Stachelhalsbänder tun dem Hund weh und gehören allein schon deshalb verboten.

Leine ist nicht automatisch ein Argument für das Geschirr. Wenn ein Hund sich so führen lässt, wie es sein soll, nämlich ohne Zug und mit durchhängender Leine, dann kann man sich die Geschirr-Diskussion sparen – genau wie bei Hunden, die größtenteils unangeleint laufen dürfen.

Beim Training mit einer Schlepp- oder beim Joggen mit einer Laufleine ist ein Brustgeschirr praktischer, weil eine Leine mit dem Ansatz auf dem Rücken dem Hund nicht ständig zwischen die Pfoten kommt oder sonst irgendwo hängen bleibt. Bei Welpen ist dagegen davon abzuraten, weil spielende Junghunde Gefahr laufen, beim Raufen und Rangeln mit den Vorderbeinen im Geschirr ihres Spielpartners hängen zu bleiben, was sie durchaus schockieren oder gar verletzen kann.

Ein Brustgeschirr an- und auszuziehen ist natürlich viel umständlicher als ein Halsband an- oder abzulegen. Das hat aber wiederum den Vorteil, dass es auch der Hund nicht so einfach abstreifen kann wie ein Halsband. Viele Hunde sind geradezu Weltmeister darin, sich bei Bedarf aus ihrem Halsband herauszuwinden. Und dieses Problem kann man auch nicht dadurch lösen, dass man es immer enger stellt. Gerade bei schreckhaften und ängstlichen Hunden, die schnell weglaufen und auch nicht so einfach wiederkommen, ist das Brustgeschirr deswegen in jedem Fall die bessere Wahl und einfach sicherer. Bei einem extrem ängstlichen Hund würde ich sogar doppelt sichergehen und zusätzlich zum Geschirr noch ein Halsband anlegen – vor allem in heiklen Situationen (Tierarztbesuch, Innenstadt, öffentliche Verkehrsmittel), in denen er leicht in Panik geraten kann. In den eigenen vier Wänden sollte das Geschirr ausgezogen werden, denn es ist sicher nicht bequem, damit zu liegen oder zu schlafen.

Welche Halsbänder sollte man nicht kaufen?

Würge- oder Zughalsbänder können einem Tier die Luft abdrücken. Und das sollen sie ja auch – um damit dem Hund das Ziehen an der Leine abzugewöhnen. Noch eine Stufe drastischer und brutaler sind Stachelhalsbänder. Wie der Namen sagt, drücken sie Metallstäbe in den Hals des Tieres – ebenfalls, um ihn am Ziehen zu hindern. Ein Hund mit Stachelhalsband ist ein Armutszeugnis für seinen Halter. Diese verteidigen sich mit dem Hinweis, dass ihr Tier so kräftig sei, dass es sonst nicht zu

Mein Tipp

Es gibt eine riesige Auswahl wunderbarer Halsbänder und Geschirre in unterschiedlichen Materialien wie Leder oder Nylon – mit den verschiedensten Designs, lustigen Sprüchen und Mustern. Sie können Ihrem Hund sogar das passende Halsband für Halloween kaufen. Es gibt aber auch sehr nützliche Variationen, auf denen der Name des Hundes und die Telefonnummer seiner Mitbewohner stehen. Buchstaben und Ziffern sind auf das Band gestickt. Im Gegensatz zu Anhängern kann die Information auf diese Weise nicht verloren werden.

Und noch ein Rat: Halsband oder Geschirr müssen passen. Wenn es kein altes gibt, an dem Sie sich orientieren können, nehmen Sie Ihren Hund zum Kauf mit und probieren Sie gemeinsam in aller Ruhe – vor allem bei einem Geschirr. Sonst kann es Ihnen wie mir auf Sardinien gehen: Weil ich den Hund, den wir gerade gefunden hatten und der nun als Erstes ein Halsband brauchte, nicht mit in den Laden hineinnehmen durfte, musste ich es zweimal umtauschen.

halten sei. Dann muss man eben in die Hundeschule gehen und gemeinsam lernen. Ein tierquälerisches Accessoire darf nicht genutzt werden, um sich die Erziehung eines Tieres zu sparen. Das gilt noch viel mehr für Teletakt-Halsbänder, mit denen der Halter seinem Hund einen Stromstoß verabreichen kann, wenn er wegläuft.

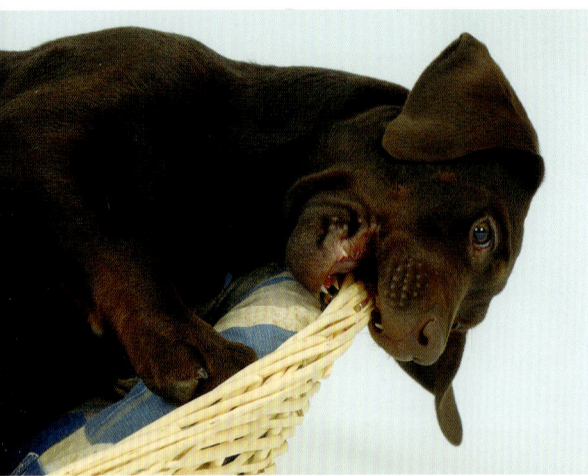

Kein Zweifel: Viele Hunde verwechseln ihr schönes Körbchen mit einem Kauknochen.

Wo schläft der Hund?

Wenn ein Hund bei Ihnen einzieht, sollte er einen Schlafplatz haben. Das kann eine dicke Decke, ein großes Kissen, eine kleinere Matratze oder ein Körbchen sein. Rennen Sie

Mein Spar-Tipp

Wenn überhaupt Korb, dann erst für den erwachsenen Hund.
Natürlich sind manche Hunde auch der Meinung, dass es das Beste für sie sei, wenn sie mit im Bett schlafen oder sich aufs Sofa hauen. Ob Sie das zulassen sollten oder nicht, werden wir im nächsten Kapitel unter »Was soll erlaubt sein und was nicht?« auf Seite 68 besprechen.

bloß nicht gleich los und kaufen einen teuren Korb, denn oft weiß ihn der Hund gar nicht zu schätzen und bleibt lieber auf dem Teppich. Vielleicht streckt er sich sogar demonstrativ neben seinem Körbchen aus. Oder er frisst es. Meine wilde Mischlingshündin Anna hat ihr schickes Körbchen innerhalb kürzester Zeit komplett zerkaut. Sie steht mit dieser Unart nicht alleine da. Vor allem Welpen und Junghunde knabbern prinzipiell alles an.

Wo bekommt man günstig Transportboxen?

Eine Transportbox brauchen Sie, wenn Sie öfter mit Ihrem Hund im Flugzeug verreisen. Da die Boxen für große Hunde ziemlich teuer sind, würde ich versuchen, eine gebrauchte zu bekommen. Weil etliche Hundehalter irgendwann einmal eine Box angeschafft, später jedoch nie wieder gebraucht haben, hat man da gute Chancen. Es gibt es viele Anbieter, die froh sind, solch ein – selbst in auseinandergeschraubtem Zustand – sperriges Teil wieder loszuwerden. Auch viele Tierheime verkaufen Ihnen gerne Boxen. In der Regel haben sie sie in sämtlichen Größen vorrätig, weil sie sie oft geschenkt bekommen. Auch ich habe die Riesenbox, die ich in einem sizilianischen Zoogeschäft für viel Geld und den Heimflug unseres Fundhundes Matteo gekauft hatte, später einem international arbeitenden Tierschutzverein geschenkt, der dringend Boxen brauchte.
Sollte ich jemals wieder eine Box brauchen, hoffe ich, sie mir irgendwo leihen zu können.

Sollten Sie eine Box erwartungsgemäß nur einmal benötigen, etwa für eine bestimmte Reise, dann können Sie sich bestimmt gegen eine kleine Spende auch eine in Ihrem Tierheim ausborgen.

Auch kleine Hunde, die als Handgepäck mitfliegen dürfen, brauchen eine Transportbox. Achten Sie beim Kauf einer Box darauf, dass sie groß genug ist: Kleine wie große Hunde müssen sich in ihrer Box problemlos aufstellen und um sich selbst drehen können. Das schreiben die Fluggesellschaften vor und kontrollieren dies mitunter auch.

Es gibt übrigens Hundehalter, die die Transportbox auch in anderen Situationen einsetzen, z. B. im Auto oder als Rückzugsmöglichkeit in der Wohnung, etwa, wenn es sich um ein ängstliches unsicheres Tier handelt, das solch ein Behältnis als Schutzraum betrachtet.

Schön ist, wenn ein Hund so entspannt in seinem Transportkorb liegt und vielleicht sogar freiwillig reingeht.

Was gibt es fürs Fahrrad?

Für den Fahrradgepäckträger gibt es spezielle Hundetransportkörbchen, geeignet für alte, kranke, gehbehinderte Hunde oder Welpen sowie bei sehr langen Radtouren auch für gesunde Hunde. Größere Hund kann man in einem Anhänger unterbringen. Falls kleinere Kinder mit auf der Tour sind, hat man ja vielleicht sowieso solch einen Anhänger und kann den Hund bei Bedarf dazusetzen. Dann muss allerdings sichergestellt werden, dass er nicht herausspringen kann. Sowohl Korb als auch Anhänger würde ich jedoch nicht gleich kaufen, sondern erst einmal ausleihen und ausprobieren, wie es klappt.

Solch ein einfacher Fahrradkorb ist für ein munteres Tier nicht sicher genug. Richtige Transportkörbe haben eine Abdeckung, damit der Hund nicht einfach rausspringen kann.

Einen ganz schicken Fahrradkorb für Hunde, der neu einmal über 100 € gekostet hatte, wollen meine Freunde gerade wieder verkaufen – nach einmaliger Benutzung! Von Kehl-

zum Einsatz kommen, was ja nicht ausschließt, dass ein anderer Hund diesen Service durchaus zu schätzen weiß und dankbar und begeistert wäre, so bequem mit seinen Menschen unterwegs zu sein, vor allem, wenn er es von klein auf kennt.

Wie kann man beim Zubehör Geld sparen?

Was seine Grundausstattung angeht, so freut sich ein Hund genauso über eine gemütliche Matratze vom Sperrmüll (man kann sie ja reinigen, frisch beziehen oder mit diversen wechselbaren Tagesdecken aufpeppen) oder ein Körbchen vom Flohmarkt.

Bis vor einem Jahr hatte ich eine große Hündin, die während ihrer letzten Monate inkontinent war. Gleichzeitig wollte ich, dass sie besonders weich und bequem liegt, dabei aber auf den Einsatz von Windeln verzichte. Leider roch ihr Schlafplatz ziemlich bald recht unangenehm, und es reichte nicht, immer nur ihre Decke und Unterlage auswechseln. Auch ihre Matratze musste ich in recht kurzen Abständen austauschen. Da war ich froh, wenn ich auf dem Sperrmüll Nachschub entdeckte. Besonders geeignet sind die Auflagen von Couchgarnituren. Die haben genau die richtige Größe, und meistens gibt es gleich drei gleiche Teile davon.

Eigentlich kann man alles gebraucht kaufen. Inserate, eBay, Flohmärkte und Tage der offenen Tür oder Sommerfeste in den Tierheimen sind wahre Fundgruben für alles Mögliche rund um den Hund (auch Fachbücher).

Unsere alte Fania sollte bequem liegen – trotz Inkontinenz. Im Hintergrund: Meine Napflösung für große Hunde, bei der ein einfacher Eimer als Gestell fungiert.

heim bis Regensburg auf einem romantischen Fahrradweg entlang der Donau hat Corgi-Mischling Mantu nur dann nicht aus Leibeskräften gekläfft, wenn er nicht in seinem schönen Korb sitzen musste, sondern neben dem Rad herlaufen durfte – so wie unsere Mischlingshündin Anna. Nach dieser Tour und Tortur waren seine Menschen mit den Nerven am Ende. Nie wieder wird dieses Teil mit ihm

Neben den verschiedenen Futtermittelmarkt-Ketten, die auch alle Art von Zubehör anbieten, gibt es regelmäßig Aktionen und Sonderangebote in Supermärkten und Discountern, bei denen man sich günstig mit Leinen, Bürsten u. a. eindecken kann. Auch in den Tierheimen finden Sie oft eine schöne Auswahl an Leinen und anderen Accessoires. Sie tun etwas Gutes, wenn Sie hier kaufen, denn der Verkaufserlös kommt dann natürlich dem Tierschutzverein zugute.

Was sind »Loader«?

Für große schwere alte Hunde, die nicht mehr ins Auto springen können, gibt es etwas, was den Alltag für alle Beteiligten deutlich erleichtert: eine Einstiegshilfe bzw. ein Einstiegsgitter in Form einer Art liegender Leiter, bei der allerdings auch die Zwischenräume verkleidet sind. Diese »Loader« sind praktischerweise zusammenklappbar, denn man muss sie ja auch im Auto mitnehmen können. Es gibt sie im Zoofachhandel sowie in gut sortierten Futtermittelmärkten, wo sie zwischen 90 und 110 € kosten. Ich denke, handwerklich Begabte können so etwas aber auch gut selbst bauen.

Was sind die häufigsten Fehler bei der Zusammenstellung der Grundausstattung?

Meist wird zu voreilig zu viel eingekauft! Nicht nur das erwähnte Fahrradtransportkörbchen

hätte man erst einmal irgendwo ausleihen statt gleich kaufen sollen. Übrigens straft Corgi-Mischling Mantu auch sein gleichfalls teures nagelneues Schlafkörbchen mit Verachtung. Lernen Sie erst einmal Ihren Hund etwas besser kennen, um zu erkennen, was er gerne hätte, was er benutzt und worüber er sich freut – zumindest bei größeren Anschaffungen. Ungeliebte Spielzeuge dagegen kann man ja, ohne sich groß zu ärgern, einfach weiterverschenken oder dem Tierheim spenden. Meine Hunde mögen leider immer nur das Spielzeug meiner Kinder ...

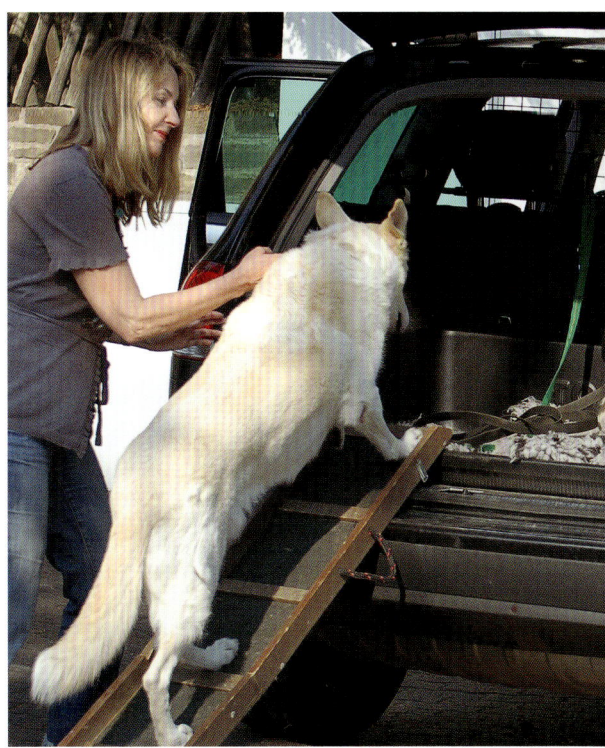

Für alte Hunde, die nicht mehr oder nur noch schlecht ins Auto einsteigen können, ist der »Loader« eine echte Hilfe.

Wie gewöhnt er sich am besten ein?

Die ersten Erfahrungen des Hundes in seinem neuen Zuhause sind prägend – vor allem für sensible Naturen. Deshalb ist es wichtig, dass sich der Familienzuwachs von Anfang an wohl- und geborgen fühlt. Normalerweise ist es nicht schwer, dies zu erreichen, weil die Bedürfnisse eines Hundes wirklich überschaubar sind.

Er will Anschluss an ein nettes Rudel, Menschen, die ihn lieben und sich gerne mit ihm beschäftigen. Er schätzt eine Rudelführung, die weiß, wo es langgeht. Er möchte möglichst viel, oft und gut essen (hier müssen wir ihn allerdings, zumindest was die Menge angeht, u. U. enttäuschen). Und er freut sich über Beschäftigung und lange Spaziergänge, um sich danach umso lieber irgendwo in Ruhe aufs Ohr zu hauen. So einfach kann ein glückliches artgerechtes Hundeleben sein; zumindest bei den meisten Hunden ist das so. Was bei der Eingewöhnung zu beachten ist und wie wir ihm dabei helfen können, hängt vor allem davon ab, wie und wo der Hund vorher **ge**lebt und was er **er**lebt hat. Eine schwanzwedelnde Frohnatur einzugewöhnen ist kein großes Kunststück, vor allem, wenn sie schon einmal ein gutes Zuhause gehabt hat und weiß, wie es ist, an der Seite seiner Menschen zu leben. Es gibt aber auch Hunde, die noch nie ein Dach über dem Kopf hatten und evtl. sogar Angst haben, ein Haus zu betreten oder in ein Auto zu steigen.

Was kann man für einen harmonischen Anfang tun?

Nehmen Sie möglichst eine weitere Person mit, wenn Sie Ihren neuen Hund abholen. Ob vom Tierheim oder von einer Pflegestelle, ob vom Züchter oder aus einem Privathaushalt – egal, wo er bisher gelebt hat, es ist sicherer und schöner, wenn sich während der Autofahrt jemand mit ihm beschäftigen und bei Bedarf beruhigend auf ihn einwirken und ihn streicheln kann. Erfahrungsgemäß ist es übrigens auch für andere Familienmitglieder durchaus wichtig und erstrebenswert, bei diesem wichtigen Moment dabei zu sein. Kinder werden sich noch lange daran erinnern und stolz darauf sein, wenn der neue Hund auf ihrem Schoß die Fahrt ins neue Heim zugebracht hat. Das geht aber natürlich nur, wenn sich mehrere Kinder nicht darum streiten, wer den Hund streichelt und betreut und auf wessen Schoß er sitzen soll.

Ich nehme es meinen beiden eigenen Jüngsten immer noch übel, dass sie sich vor ein paar Jahren fast darum geprügelt haben, wer die junge Hündin halten darf, die wir gerade auf Sardinien ins Wohnmobil gepackt hatten, nachdem klar war, dass sie niemandem gehörte. Ihr erster Eindruck von ihrer neuen Familie muss ein schlechter gewesen sein. Gottlob hat unserer Anna das nichts ausgemacht. Wie sich später herausstellte, ist sie vollkommen unsensibel und kann jeden Rummel gut vertragen. Übergeben hat sie sich dennoch gleich nach der zweiten Kurve, aber das lag an einem gut belegten Brötchen, das sie unmittelbar vor unserer Abreise von netten Skandinaviern erbettelt und noch schnell heruntergeschluckt hatte.

Wie verbringt man die ersten Stunden im neuen Zuhause?

Ruhig! Überfordern Sie Ihren neuen Mitbewohner nicht. Nach der Ankunft im neuen Zuhause geht es weniger darum, was jetzt zu tun ist, als vielmehr darum, was gerade jetzt keinesfalls getan werden darf. So sollten Sie sich unbedingt verkneifen, schon am ersten Tag Freunde und Nachbarn einzuladen, um

Hunde sind Rudeltiere, die auch nachts nicht gerne alleine sind. Sie müssen nicht mit im Bett schlafen, aber vielleicht daneben …?

den Neuzugang zu präsentieren. Ein Hund ist kein Debütant, der in die Gesellschaft eingeführt werden muss. Und alle wichtigen Menschen Ihrer Umgebung wird er nach und nach schon noch kennenlernen. Jetzt soll er erst einmal sein neues Zuhause kennenlernen. Zeigen Sie ihm, wo seine Näpfe stehen. Bieten Sie ihm einen leckeren Willkommensimbiss an. Wenn er nicht zu aufgeregt und schüchtern ist, wird er ihn gerne annehmen, und schon ist das Eis gebrochen, falls es überhaupt vorhanden war.

Beobachten Sie Ihren Hund, spielen Sie mit ihm, wenn er jung und verspielt ist. Lassen Sie ihn in Ruhe, wenn er erschöpft ist und schlafen will. Gehen Sie mit ihm spazieren, wenn er unruhig wird. Zeigen Sie ihm, wo sein Platz ist. Je nachdem, wie Sie wohnen, braucht er vielleicht zwei Plätze, einen für tagsüber, dort, wo sich die Familie hauptsächlich aufhält, und einen für nachts.

Soll der Hund alleine schlafen?

Eigentlich nicht. Ein Hund ist ein Rudeltier, das die Nähe seiner Gefährten braucht wie die Luft zum Atmen. Und schon aus Sicherheitsgründen bleiben Wölfe in der freien Natur gerade beim Schlafen zusammen. Der Schlafgenosse müssen aber nicht unbedingt Sie sein. Es geht auch ein anderer Hund. Es ist aber auch nicht gleich Tierquälerei, wenn Sie einem Hund das gemeinsame Schlafzimmer verweigern. Und manchmal gibt es sogar gute Gründe dafür: Manche Hunde träumen laut, schnarchen oder haben Blähun-

Wo meine Hunde schlafen

Mein erster eigener Hund, den ich mit der Flasche aufgezogen hatte und mit dem ich mir als Studentin eine Einzimmerwohnung teilte, hatte sich selbst den Platz unter meinem Bett zum Schlafen ausgesucht, wohl, weil ihm eine Höhle Geborgenheit gab. Obwohl er sehr schnell wuchs und es dort schon bald zu eng für ihn wurde, hat er diese Angewohnheit erst nach einem Umzug und der Anschaffung eines neuen Bettes aufgegeben. Ab dann schlief neben dem Bett. Mein Mann hatte ihm extra eine kleinere Ausgabe unseres Futonbettes nachgebaut. Ein großes und ein kleines Futonbett nebeneinander, das sah sehr hübsch aus, war aber natürlich überflüssiger Schnickschnack für uns Menschen. Dem Hund hätte die Matratze alleine auch gereicht. Er schlief fast sein ganzes Leben lang neben meinem Bett, so lange, bis er leider nicht mehr die Treppen hoch bis in unser Schlafzimmer laufen konnte. Inzwischen hatten wir aber noch einen zweiten Hund, sodass er auch während seiner letzten Lebenswochen im Erdgeschoss nachts nicht alleine war.

Auch heute haben wir mehrere Hunde, sodass es ihnen zuzumuten ist, gemeinsam ein Stockwerk tiefer als wir zu schlafen. Ich werde häufig gefragt, ob bei mir zu Hause die Hunde ins Bett dürfen. Nein, das dürfen sie nicht, auf gar keinen Fall, denn das gäbe mächtig Ärger mit den Katzen!

gen. Dann schläft Ihr Hund halt vor Ihrer Schlafzimmertür. Hauptsache, er fühlt sich nicht einsam. Es gibt auch Tiere, denen macht es auch überhaupt nichts aus, wenn sie alleine schlafen. Aber das zeigen sie dann auch. Sie werden es erkennen. Schließlich können wir mit keinem anderen Tier auf der Welt so gut kommunizieren wie mit dem Hund. Sucht sich ein Hund selbst einen Platz im Wohnzimmer oder Flur, dann ist das in Ordnung. Einen Welpen sollten Sie jedoch keinesfalls über Nacht alleine lassen. Für ein Hundebaby ist es sowieso schon ein drastischer Einschnitt, in eine fremde Umgebung zu kommen und plötzlich von Mutter und Geschwistern getrennt zu sein. Es wird ihn sehr trösten, wenn sein neuer Mensch an seiner Seite ist.

So, wie dieser Hund guckt, scheint er sich nicht ganz sicher zu sein, ob der schöne Schlafplatz, den er sich ausgesucht hat, auch erlaubt ist!

Wie kleine Kinder, so schlafen auch Welpen mitunter noch nicht durch und müssen immer einmal wieder kurz beruhigt werden.

Apropos Kinder: Auch das Kinderzimmer kann ein geeigneter Schlafplatz für einen Hund sein. Viele Kinder sind stolz und glücklich, wenn der Familienhund neben ihrem Bett

Hunde sollten niemals über einen längeren Zeitraum weggesperrt werden und sich einsam fühlen.

schläft. Und gerade, wenn Kinder nicht gut schlafen, Angst im Dunkeln oder sogar ab und zu Albträume haben, wird sie die Anwesenheit ihres starken Freundes beruhigen.

Wo soll ein Hund nicht schlafen?

Kein Hund sollte weit weg von seinen geliebten Menschen in eine Hundehütte oder einen Zwinger außerhalb des Hauses verbannt werden!

Wenn ich in Ungarn, Spanien, Portugal, Italien, Griechenland oder der Türkei in einer vom Haus entfernten Gartenecke oder gar auf einem einsamen Grundstück angekettete Hunde sehe, bricht es mir immer fast das Herz oder mich packt die blanke Wut. Man kann einem Hund kaum etwas Schlimmeres antun, als ihn zum Alleinsein zu verdammen. Die mit der Kettenhaltung verbundene Bewegungseinschränkung alleine ist schon Tierquälerei. Aber dass es einem Hund unmöglich gemacht wird, soziale Kontakte auszuleben, ist noch grausamer. Zur physischen kommt die psychische Misshandlung noch dazu. Im Unterschied zu Katzen können Wölfe nur im Rudel erfolgreich jagen, satt werden und überleben. Einsamkeit bedeutet Tod. Es ist das genetische Programm eines Hundes, Gesellschaft zu suchen. Er leidet Höllenqualen, wenn er das nicht kann. Trotzdem werden in manchen Ländern bereits Welpen angekettet.

Kehren Sie am Urlaubsort nicht in Landgasthöfen ein, an denen ein Hund an der Kette liegt – aber sagen Sie den Betreibern vorher Bescheid!

Wenn ein Hund aus dem Privileg, mit aufs Sofa und erhöht liegen zu dürfen, nicht die falschen Schlüsse zieht, darf man ihm das ruhig erlauben – falls man möchte.

Was soll man an den ersten Tagen bedenken?

Natürlich werden gleich in den ersten Tagen Weichen gestellt. Was sich ein Hund jetzt angewöhnt, können Sie ihm später nur schlecht wieder abgewöhnen. Zeigen Sie ihm also jetzt gleich etwaige Tabuzonen (z. B. Speisekammer, Küche? Oder das Zimmer mit der Chinchilla-Voliere ...). Falls Sie nicht möchten, dass er auf dem Sofa lümmelt oder es sich in Ihrem Bett gemütlich macht, schmeißen Sie ihn gleich runter. Dabei richten sich Ihr Ton und Ihre Bestimmtheit nach dem Charakter des Hundes. Bei unbekümmerten Draufgängern mit Hang zur Erziehungsresistenz dürfen Sie ruhig auch mal ein wenig entschlossener auf-

treten – und sollten dennoch damit rechnen, dass Sie das Spielchen »Runter vom Sofa« mehrfach wiederholen müssen. Bei schüchternen, ängstlichen oder gar unterwürfigen Naturen reicht normalerweise ein einmaliger Hinweis.

Falls Sie genug Platz und Sitzmöbel haben, können Sie Ihrem Hund auch einen bestimmten Sessel zuweisen und »opfern«, wenn Sie möchten. Hunde sind klug genug zu kapieren, dass sie auf diesen alten Sessel mit Decke drauf dürfen und auf das neue Designersofa eben nicht. (Was natürlich nicht ausschließt, dass sie in einem unbeobachteten Moment nicht vielleicht doch einmal persönlich überprüfen möchten, was an der verbotenen Couch so anziehend ist.)

Was soll erlaubt sein und was nicht?

Denken Sie möglichst vor dem Einzug des Hundes darüber nach, was er dürfen soll und was nicht, und – ganz wichtig – sprechen Sie das mit allen Familienmitgliedern ab, damit Sie einheitlich handeln. Sind Sie am Anfang eher ein wenig strenger. Lockern können Sie die Regeln später immer noch. Nur umgekehrt ist es natürlich schwierig. Es ist auch sinnvoll, einen Hund erst einmal etwas besser kennenzulernen, bevor man sich dazu entschließt, ihm das ein oder andere Privileg zu gestatten. Hier gilt der einfache Grundsatz: Ängstlich-unterwürfige, scheue Hunde dürfen mehr, selbstbewusste Kerle mit Ambitionen, in der Rudelrangordnung aufzusteigen, müssen eher in ihre Schranken gewiesen werden.

Seine Körperhaltung zeigt ganz eindeutig Unsicherheit und Zurückhaltung, ja sogar Angst. Dieser Hund wird mit Sicherheit nicht versuchen, die Rudelleitung zu übernehmen, und darf ruhig einen bevorzugten Liegeplatz einnehmen.

Entsprechendes gilt für die bereits angesprochenen erhöhten Liegeplätze und das Schlafen im Bett: Fast alle Hunde liegen gerne erhöht, schon, weil sie dann einen besseren Überblick haben. Und da in manchen von ihnen das Gen zum Bewachen vorhanden ist, ist dieses Bedürfnis zwar durchaus verständlich, aber dennoch mitunter unerwünscht. Einem selbstbewussten Hund, der in dem Verdacht steht, zur Dominanz zu neigen, sollten Sie nicht erlauben, sich die strategisch besten Plätze zu sichern. Der muss – im wahrsten Sinne des Wortes – lernen, auf dem Teppich zu bleiben. Rüden neigen übrigens eher dazu als Hündinnen. Bescheiden-schüchterne Charaktere können dagegen ruhig auch einmal auf dem Sofa liegen, ohne Gefahr zu laufen, dadurch größenwahnsinnig zu werden und diesen Platz irgendwann gegenüber Ihnen oder Ihren Gästen zu verteidigen.

Einem sehr wachsamen Hund würde ich auch nicht gestatten, den Platz direkt vor Wohnungs- oder Haustür in Beschlag zu nehmen. Immer die Tür im Blick zu haben und, wenn es klingelt, als Erster zur Stelle zu sein und den Besucher in Empfang zu nehmen, würde ihn darin bestätigen, sich wichtiger zu nehmen, als er ist, und im schlimmsten Fall sich sogar über seinen Menschen zu stellen. Er könnte dann annehmen, nicht seine Menschen, sondern er sei für alles verantwortlich. Vor allem, wenn er dann auch noch ständig bellt, wenn es klingelt, kann das sehr lästig werden! Für den Hund kann es sogar eine Entlastung sein, wenn er lernt, dass er gar nicht für alles zuständig ist. Er zeigt sich ja nicht aus bösem Willen so wachsam oder gar aggressiv, sondern weil er fälschlicherweise annimmt, seine Rudelleitung sei nicht in der Lage hierzu. Und irgendeiner muss den Job ja schließlich machen!

Wem das zu anstrengend ist, der sollte sich lieber für einen eher bescheiden-zurückhaltenden Hund entscheiden. Ein solcher darf sich dann sogar auch seinen Lieblingsplatz gerne selbst aussuchen. Damit sind wir wieder bei der wichtigen Frage, welcher Hund passt zu welchen Menschen. Die Tierheimmitarbeiter können Ihnen den Charakter ihrer Schützlinge in der Regel zuverlässig beschreiben.

Es kann natürlich auch sein, dass Wachsamkeit und Schutzinstinkt erwünscht und sogar notwendig sind, zum Beispiel, weil Sie gemeinsam eine Goldschmiede betreiben. Dann soll der Hund zwar aufpassen, aber es muss immer klar sein, dass Sie der Boss sind und bestimmen, wer ins Haus darf und wer nicht.

Was soll man an den ersten Tagen nicht machen?

Die häufigsten Fehler sind normalerweise leicht zu vermeiden. Auch wenn ein Hund aus dem Tierheim stammt oder noch ein bisschen nach dem Zwinger seines Züchters riecht, muss er nicht als Erstes gebadet werden! Das ist eine erstaunliche Unsitte. Ich würde gar nicht auf den Gedanken kommen, dass selbst erfahrene Hundehalter so etwas tun, wenn ich es nicht besser wüsste.

Ein schlechtes Beispiel: Beim Tierschutzverein Gießen ging eine Beschwerde ein. Der weiße Pudel(mischling), der wenige Tage zuvor dort von einer alleinstehenden älteren Dame adoptiert wurde, ist krank! Aber die Tierheimmitarbeiter waren sich absolut sicher, dass der Hund bei seiner Vermittlung vollkommen gesund war. Jetzt aber hustete er und war offensichtlich erkältet. Was war passiert? Wie sich herausstellte, hatte sein neues Frauchen nichts Besseres zu tun, als den schönen Weißgelockten, obwohl dieser keineswegs ungepflegt war, als Erstes in die Badewanne zu stecken. Abgesehen davon, dass »einmal waschen, legen, föhnen« aus Hundesicht nicht unbedingt der optimale Beginn einer langen Freundschaft ist, hatte sich der Pudel(mix) dadurch erkältet. Dabei wusste seine neue Besitzerin, dass er erst vor Kurzem aus Südspanien nach Gießen gekommen und noch nicht an die kalten Novembertemperaturen in Deutschland gewöhnt war. Und es gibt noch etwas, was nicht gleich in der Eingewöhnungsphase passieren muss: der erste gemeinsame Gang zum Tierarzt. Auch hier glauben vor allem Halter, die ihr

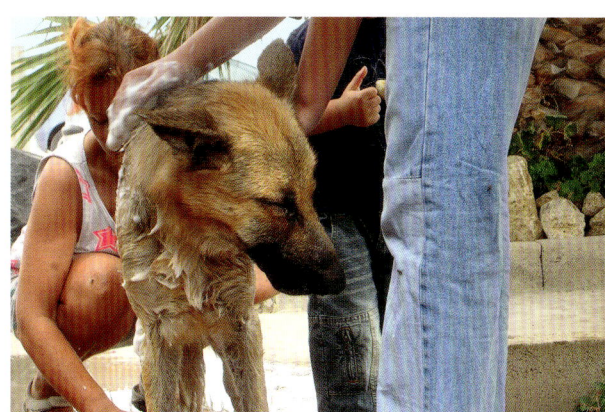

Kaum gerettet – schon eingeseift: Aber nach einer guten Mahlzeit ließ der völlig ausgehungerte Matteo alles mit sich geschehen.

Tier netterweise beim Tierschutz geholt haben, sie müssten es gleich einmal richtig durchchecken lassen. Das ist natürlich Quatsch. Ein Hund ist kein Gebrauchtwagen, der durch den TÜV muss.

Doch wie immer gibt es Ausnahmen: Als ich meinen Matteo, den bereits erwähnten völlig ausgemergelten Hund, auf Sizilien aufsammelte, hatte der so unglaublich gestunken, dass es gar nicht anders möglich war, als ihn, wenn nicht am ersten, so dann doch spätestens am zweiten Tag gründlich einzushampoonieren und zu duschen. Nur so ließ sich auch der Fliegenschwarm vergraulen, der ihn umgab. Der Hund nahm es uns nicht übel. Er war wohl so froh, dass sich jemand seiner annahm, dass er alles kooperativ über sich ergehen ließ. Und natürlich sind wir in diesem Fall auch schnellstens mit ihm zum Tierarzt gefahren, denn er war todkrank und musste dringend behandelt werden.

Falls in einem Ausnahmefall ein Hund aus irgendeinem Grund unmittelbar nach seiner Vermittlung einem Tierarzt vorgeführt werden sollte, z. B. weil genau jetzt Fäden gezogen werden müssen, wird Sie der Tierschutzverein darauf aufmerksam machen und Sie bitten, ja dazu verpflichten, dies zuverlässig zu erledigen.

Wann ist zu viel Fürsorge schädlich?

Zuvor bat ich darum, einen neuen Hund in dessen neuer Umgebung aufmerksam zu beobachten, um zu erkennen, was Sie für ihn

tun können. Aber auch hier gibt es wieder Ausnahmen, nämlich Hunde, die es nicht gewöhnt sind, im Mittelpunkt zu stehen – und denen das alles andere als geheuer und deswegen wirklich unangenehm ist. Manche werden sich schnell umstellen und Ihre liebevolle Aufmerksamkeit schon bald genießen lernen. Andere bleiben misstrauisch und brauchen entsprechend länger, bis sie damit klarkommen. Geben Sie ihnen unbedingt die Zeit, die sie brauchen! Beachten Sie sie anfangs nur so viel wie nötig. Auch Mitleidsbekundungen sind kontraproduktiv, verstärken sie doch bei einem unsicheren Hund nur den Eindruck, dass irgendetwas nicht stimme. Ignorieren Sie ihn stattdessen einfach über weite Strecken des Tages. Beobachten Sie ihn nur möglichst diskret und dezent und steigern Sie Ihre Aufmerksamkeit schrittweise und dem Tempo des Tieres angepasst.

Wann und wie hilft ein bereits vorhandener Hund?

Ängstlichen und scheuen Naturen hilft so gut wie immer ein anderer Hund – sozusagen als Vermittler. Wenn Sie selbst nicht schon einen »Ersthund« haben, dann laden Sie Hunde von Freunden und Nachbarn ein – natürlich nur nette! Nehmen Sie einen oder mehrere andere Hunde auch beim Spaziergehen mit. Der ängstliche Hund wird sich dankbar an seinen selbstbewussten Artgenossen orientieren. Die Betonung liegt dabei in dem Wort »selbstbewusst«. Mit einem gleichfalls ängstlich-unsicheren Hund funktioniert das nicht. Was soll der eine da von dem anderen lernen und abgucken?

Übrigens werden genau deshalb zwei ängstliche Hunde, selbst wenn es sich um Geschwister handelt, von kompetenten Tierschützern immer möglichst schnell voneinander getrennt und stattdessen jeweils mit fröhlich-unbekümmerten Artgenossen vergesellschaftet, die mit allen vier Pfoten fest im Leben stehen.

Und natürlich lernen nicht nur die ängstlichen, sondern alle jungen Hunde von ihren lebenserfahrenen älteren Artgenossen. Deswegen kombinieren etliche Hundehalter gerne und ganz bewusst immer einen jungen und einen alten Hund, damit der ältere dem jüngeren allerhand beibringt. Wenn es dem Senior dabei gut geht, wenn er von dem jungen Racker nicht ständig genervt ist und Rückzugsmöglichkeiten hat, kann das eine sehr schöne Praxis sein.

Oft hilft ein bereits vorhandener Hund dem Neuzugang bei der Eingewöhnung und bringt ihm vieles bei – leider oft auch manchen Unsinn.

Wie bekomme ich einen Hund stubenrein?

Erwachsene Hunde sind fast immer stubenrein. Sogar Tiere, die jahrelang in einem Tierheim leben mussten, gewöhnen sich erstaunlich schnell um und zeigen, wenn sie rausmüssen. Selbst bei Hunden, die den Großteil ihres bis dato traurigen Lebens in Ausläufen unter freiem Himmel in einem südeuropäischen Refugium verbrachten, haben rasch begriffen, wo sie von jetzt an ihr Geschäft verrichten sollen. Sie können ihnen die Um-

stellung natürlich erleichtern, indem Sie, vor allem anfangs, so oft wie möglich Gassi gehen. Wenn alles gut klappt, können Sie die Intervalle dazwischen ja wieder strecken. Bleiben eigentlich nur die Welpen, bei denen bzgl. der Stubenreinheit einiges an Arbeit auf Sie zukommt. Gehen Sie möglichst oft mit dem Kleinen raus. Warten Sie draußen, bis er zumindest Urin absetzt. Dann loben Sie ihn geradezu überschwänglich, belohnen vielleicht sogar noch mit einem Leckerchen und gehen froher Dinge wieder zurück in die Wohnung. Außerdem sollten Sie grundsätzlich nach jeder Mahlzeit sofort mit ihm rausgehen. Dann müssen sie nämlich meistens, und mit Glück entsteht so schon bald ein regelmäßiger Rhythmus.

Auch wenn das noch so gut klappt, so wird es doch zu Anfang immer wieder einmal vor-

Regelmäßiges Gassigehen ist logischerweise die Voraussetzung dafür, dass ein Hund stubenrein werden kann.

kommen, dass der Kleine auch innerhalb der vier Wände einmal ein Pfützchen oder Häufchen macht. Gut ist es, wenn Sie ihn dabei beobachten. Dann schnappen Sie ihn, sagen deutlich »Pfui!« oder so etwas in der Art und bringen ihn unverzüglich nach draußen. So wird er »sich lösen« und »draußen« miteinander verknüpfen.

Falls er noch nicht ganz fertig war, als Sie ihn hochhoben, macht er draußen vielleicht weiter. Dann führen Sie wieder einen wahren Freudentanz auf! Gibt es etwas Großartigeres, als einen kleinen Hund, der sein großes oder kleines Geschäft unter freiem Himmel verrichtet? Nein! Noch deutlicher machen Sie ihm das Ziel, wenn Sie draußen dann noch auf ein neues Pfützchen oder Häufchen warten – und sich daraufhin abermals ungeschmälert begeistert zeigen. Genau wie bei Menschenkindern darf man auch bei Hundekindern ruhig ein wenig übertreiben.

Jeden Hund freut es, wenn sich sein Mensch freut, vor allem wenn er merkt, dass er es ist, der uns Freude macht. Das ist ihm ein Ansporn, möglichst alles immer richtig zu machen. Indem er aufgeregt vor die Wohnungstüre flitzt, wird er im Idealfall bald selbst anzeigen, dass er muss. Diesen historischen Moment sollten Sie möglichst nicht verpassen, sondern flott reagieren und sofort mit ihm nach draußen rennen. Erneute Begeisterung.

Natürlich loben Sie ihn auch während eines längeren Spazierganges bei jedem »Lösen«, als hätte er die Kronjuwelen ausgebuddelt. Dagegen dürfen Sie bei weiteren Häufchen und Pfützchen auf Teppich und Parkett (meistens nehmen sie leider den Teppich!) schimpfen. Bei unsensiblen Kerlchen können Sie etwas lauter und deutlicher werden, bei empfindsamen nicht. Tipps, wie mit einer zusammengerollten Zeitung einen Klaps zu geben oder ihm gar mit der empfindlichen Schnauze in seine Hinterlassenschaft zu stupsen, stammen aus vergangenen Zeiten, in denen man bei Erziehungsfragen generell noch anders dachte.

Wie lernt ein Hund, alleine zu bleiben?

Bei einem jungen Hund fangen Sie einfach an, ihn alleine zu lassen. Oft wird sich herausstellen, dass das völlig problemlos geht. Beim Weggehen sollte man auf große Verabschiedungsszenen unbedingt verzichten, damit der Hund gar nicht erst auf die Idee kommt, es stünde ihm jetzt etwas Ungewöhnliches bevor. Wenn überhaupt, dann reicht ein knappes Tschüss und Tätscheln vollkommen. Lassen Sie dem Hund einen schönen Kauknochen da, aber einen, mit dem er alleine klarkommt. Suchen Sie eine passende Größe aus, damit er sich nicht daran verletzen oder gar ersticken kann. Kleine oder junge Hunde kriegen sicherheitshalber nur ein Kaustäbchen. So sind sie abgelenkt und beschäftigt und kauen – vielleicht – während Ihrer Abwesenheit nichts anderes kaputt. Schauen

Kleiner Tipp für Junghunde

Wenn Ihr Hund nicht gerade Durchfall hat, nehmen Sie ein Häufchen, das in der Wohnung landete, und drapieren es an eine geeignete Stelle im Freien. Dort zeigen Sie es dann Ihrem Hund und sind wieder vollkommen begeistert davon, so etwas Tolles hier zu finden. Da Hunde instinktiv gerne über die Duftmarken ihrer Artgenossen pinkeln, kann es auch hier helfen, einen anderen Hund beim Gassigehen mitzunehmen. Wenn der das Bein hebt, wird es ihm der Kleine nachmachen. Also das Beinchen heben wird er natürlich noch nicht, aber seine eigene Duftmarke absetzen. Grund genug zur allgemeinen Freude, stimmt's?
Das alles sind natürlich auch die Strategien für einen erwachsenen Hund, der aus irgendeinem Grund noch nicht gelernt hat, was Stubenreinheit ist. Sollte es auch nach einer angemessenen Zeit nicht klappen, sollten Sie einen Tierarzt konsultieren.

Ein Hund ohne Verlassensängste und schlechte Erfahrungen hat kein Problem damit, auch einmal alleine zu Hause zu sein – vor allem nach einem schönen Spaziergang oder anderen Aktivitäten.

Sie sich aber vor dem Verlassen der Wohnung sicherheitshalber noch einmal genau um, damit nichts auf dem Boden herumliegt, was ein gelangweilter Hund interessant finden könnte. Wir erinnern uns an die Geschichte mit dem Aku-Pad von Kapitel 1 (Seite 27). Schuhe, Handschuhe, Ledertaschen, Korbwaren und Holzspielzeug – all das sollte außer Reichweite sein!
Danach warten Sie eine Weile vor der Tür und lauschen, ob der Hund anfängt zu bellen und

zu jaulen. Ist das nicht der Fall, denn er hat ja auch noch sein Kauspielzeug zu verarbeiten, ist alles prima. Macht er Theater, dann kehren Sie aufgebracht zurück und schimpfen mit ihm – um danach natürlich sofort wieder zu verschwinden. Notfalls müssen Sie diese Übung mehrmals wiederholen und können die Intervalle, in denen der Hund alleine ist, nur langsam steigern. Vielleicht gehen Sie erst einmal nur 10 Minuten, dann 15 oder 20 usw. Wichtig ist, dass es gelingt, dass Sie irgendwann einmal zurückkehren, solange der Hund sich noch ruhig verhält. Denn dann können Sie freudestrahlend die Wohnung betreten, ihn überschwänglich loben und belohnen, nicht nur mit einem Leckerchen. Jetzt ist der richtige Moment für eine Runde ausgelassenes Spielen und Toben sowie einen Gang nach draußen oder umgekehrt. Ein unbelasteter, psychisch stabiler Hund wird so schnell begreifen, dass es nicht schlimm ist, auch einmal alleine zu sein, und dass es umso toller

Ein Balkon ist normalerweise kein geeigneter Ort für die Wartezeit, bis Herrchen nach Hause kommt.

ist, wenn seine Menschen wieder nach Hause kommen. Und das tun sie zuverlässig.

Wie lange kann ein Hund alleine bleiben?

Ein junger Hund sollte je nach Temperament nicht länger als ein bis zwei Stunden alleine gelassen werden. Erwachsene Hunde mit ausgeglichenem Wesen können auch einmal vier oder fünf Stunden alleine bleiben. Sie werden selbst merken, was Ihrem Hund zuzumuten ist. Alten Hunden, die gerne ihre Ruhe haben, macht es mitunter gar nichts aus, wenn ihre Menschen weg sind. Sie verschlafen die Zeit einfach. Auch macht es einen Unterschied, ob der Hund alleine ist oder die (Warte-)Zeit gemeinsam mit einem Artgenossen verbringen darf. Ein längerer Spaziergang oder eine gemeinsame Joggingrunde, bevor der Hund alleine gelassen wird, erleichtert den Abschied immens. Denn ein müder, ausgepowerter Hund kann natürlich besser alleine bleiben als einer, der gerade aufgewacht ist und noch keine Bewegung hatte. In den Tierheimen wissen die Pfleger meistens, welcher Hund ganz gut alleine bleiben kann und welcher (noch) nicht.

Allerdings kommt es bei Tierheimhunden in der Tat häufiger vor, dass sie nicht oder sogar ganz und gar nicht alleine bleiben können. Mitunter haben sie es nie gelernt, und später war genau das der Abgabegrund, weshalb sie ihre Menschen nicht mehr haben wollten. Oder aber sie haben es **ver**lernt, weil sie ihr Zuhause und ihre geliebten Bezugspersonen mindestens einmal, oft sogar mehrmals verloren haben. Für die neuen Besitzer heißt es nun, Geduld und gute Nerven haben und liebevoll mit dem zuvor beschriebenen Training ans Werk zu gehen. Oft kriegt man das Problem in den Griff, aber es dauert natürlich eine Weile. Mitunter kann es aber auch das Beste sein, wenn ein Tier mit extremer Verlassensangst in einer (Groß-)Familie landet, wo so gut wie immer jemand zu Hause ist, oder wenn es überall hin mitdarf. Zumindest so mancher Freiberufler kann einen braven Hund ja auch mit zur Arbeit nehmen.

Was ist bei einem Welpen zu beachten?

Wenn Sie einen Welpen aufnehmen, sollten Sie dessen kindliche Lernfähigkeit nutzen, um ihn gleich mit vielen Dingen vertraut zu machen. Gehen Sie mit ihm in die Welpenschule. Dort trifft er andere Hunde; das ist schon einmal wichtig. Fahren Sie mit ihm nicht nur Auto, sondern auch U- und S-Bahn, am besten auch noch Seilbahn, Fesselballon, Fähre und was auch immer. Alles, was er jetzt lernt, wird Ihnen beiden später den Alltag erleichtern.

Soll man sich Urlaub nehmen, wenn ein neuer Hund einzieht?

Mindestens eine Bezugsperson sollte gerade während der Eingewöhnungsphase in jedem Fall durchgehend zu Hause sein. Wenn es

Die ersten Wochen im neuen Zuhause sollten eine schöne Erfahrung für einen Hund sein.

nicht anders geht, muss sich notfalls ein Familienmitglied Urlaub nehmen. Im Falle eines Welpen würde ich sogar für den Jahresurlaub plädieren! Warum auch nicht. Es ist ja keine verlorene Zeit. Sie können auch gemeinsam in Urlaub fahren. Für die meisten Hunde ist es überhaupt kein Problem, nach einer nur kurzen Zeit im neuen Zuhause schon wieder unterwegs zu sein. Das ist besser, als wenn kaum jemand richtig Zeit für den Hund hat. *Sie* sind jetzt sein Zuhause. Deshalb ist es für den Hund die Hauptsache, mit seinem oder seinen Menschen zusammensein zu dürfen – egal wo.

Was soll er essen?

Neben Schlafen und Spazierengehen ist Essen aus Sicht des Hundes zweifellos das Allerwichtigste und daher Grund genug, diesem wichtigen Thema ein ganzes Kapitel zu widmen. Dabei ist es gar nicht schwer, einen Hund artgerecht zu ernähren. Im Unterschied zu unseren samtpfötigen Mitbewohnern sind Caniden auch nicht sehr wählerisch. Aber das müssen wir ja nicht ausnutzen. Wenn Sie einen Hund »aus zweiter Hand« oder dem Tierheim aufnehmen, können Ihnen die Vorbesitzer oder die Tierschützer sagen, was er gerne isst und was er nicht gut verträgt. Gutes Futter ist wichtig und eine lohnenswerte Investition in Wohlbefinden, Gesundheit und Lebenserwartung Ihres Hundes. Trotzdem kann man auch bei der Futterzusammenstellung Geld sparen, ohne dass die Qualität leidet.

Was gehört zu einer artgerechten Ernährung?

Im Gegensatz zu uns Menschen, die wir ja Allesfresser sind, gehören Hunde zu den Caniden und sind Fleischfresser, deren ganzer Verdauungstrakt auf das Verarbeiten von Fleisch ausgerichtet ist. Das heißt aber nicht, dass sie nur Fleisch essen. Zu einer ausgewogenen und abwechslungsreichen artgerechten Ernährung gehören neben Fleisch auch Beilagen, die aus Kohlenhydraten und pflanzlicher Kost bestehen.

Was braucht der Hund außer Fleisch?

Auch Hunde brauchen Mineralien und Vitamine. Der von mir sehr geschätzte Tierarzt und Heilpraktiker Dr. Michael Wolters gibt hierzu einen ganz einfachen und preiswerten Rat.
Sein Tipp: Nehmen Sie zum Anrühren des Futters das Wasser, das Sie vom Kochen Ihres Essens übrig haben und sonst wegkippen

Die Auswahl ist groß. Es ist nicht schwer, einen Hund abwechslungsreich zu ernähren.

würden. Das Wasser, in dem Sie Kartoffeln oder Gemüse gekocht haben, enthält wertvolle Mineralien und Vitamine, die die Hundemahlzeit kostenlos bereichern.

Es gibt Menschen, die kochen für ihre Hunde. Andere schaffen es sogar, artgerechte Plätzchen und Kräcker für sie zu backen. Wer möchte, kann sich hierzu mittlerweile Anregungen und Rezepte in einer Reihe von Hunde-Koch- und -Backbüchern holen. Aber machen Sie sich bloß kein schlechtes Gewissen, wenn Ihnen das zu aufwendig ist. Hochwertiges zuckerfreies Dosenfutter mit möglichst hohem Fleischanteil tut es auch. Womit auch immer Sie den Napf füllen, alles

Was in den Napf kommt, ist nicht unbedingt eine leichte Entscheidung.

lässt sich ein bisschen verfeinern, z. B. mit einem ordentlichen Spritzer Pflanzenöl, am besten Distel- oder Olivenöl, denn das hält jung und ist gut fürs Fell. Salat, Karotten und manches gekochte Gemüse sind auch für den Hund gesund. Im Unterschied zu Ihnen weiß er das aber nicht und sortiert so etwas in seiner Futterschüssel auch gerne wieder aus.

Wie füttere ich Obst und Gemüse?

Ich wunderte mich bei meinem extrem verfressenen Hund Mikis immer sehr, wie er es schaffte, in einem Affentempo seinen Napf zu leeren und dabei ein fein sauber gelecktes Häufchen klein gezupfter Salatblätter sowie Erbsen oder Karottenstückchen am Boden zurückzulassen. Wenn man die Möhren jedoch klein gerieben beimischt, geben die Hunde das Aussortieren auf und essen notgedrungen auch das Gesunde mit.

Etliche Hunde haben irgendeine Vorliebe für ein bestimmtes Obst oder Gemüse. Unser Cocker war völlig verrückt nach Bananen. Meine spanische Jagdhündin Fania fraß Äpfel, die man ihr zuwarf. Mikis knabberte Karotten wie einen Kauknochen, wenn ich sie zuvor mit Schmalz oder Speck eingerieben hatte. Sie müssen einfach einmal ausprobieren, was Ihr Hund mag. Vor allem für übergewichtige Hunde eignen sich solche kalorienarme Leckerchen auch als Belohnung oder kleines Extra zwischendurch. Lauch- und Kohlgemüse sollten, wenn überhaupt, nur gekocht und in kleineren Mengen im Hundenapf landen.

Welche Kohlenhydrate sind empfehlenswert?

Egal, ob Sie es sich einfach machen und Dosenfutter kaufen oder beim Metzger beispielsweise frischen Pansen oder Lunge holen und für Ihren Hund kochen – mischen Sie das Fleisch mit Kartoffeln, Nudeln oder Reis. Ab und zu dürfen es auch einmal Brot oder Getreideflocken sein. Wenn bei Ihnen zu Hause sowieso gekocht wird, dann kochen Sie doch immer gleich etwas mehr Reis, Nudeln oder Kartoffeln, vielleicht sogar auf Vorrat, und mischen davon eine Portion ins Hundefutter. **Und noch ein Tipp:** Wenn Sie Gemüse wie beispielsweise Karotten gleich mit dem Reis oder den Nudeln mitkochen, dann schmeckt das dem Hund besser, und er kann es auch schlechter aussortieren.

Falls Sie gerade nichts von diesen Beilagen übrig haben, nehmen Sie Haferflocken. Es gibt auch spezielle Hundeflocken, die anders aufbereitet sind und sich noch besser für Hunde eignen als die normalen, die wir essen. Aber im Notfall tun es die für Menschen auch. Egal ob Hafer- oder Hundeflocken, ganz wichtig ist, dass Sie sie zuerst einmal mit heißem Wasser übergießen und aufquellen lassen. Geschieht das nämlich nicht vorher, so quellen die Flocken später im Magen Ihres Hundes auf und verursachen ihm entsprechende Beschwerden.

Gekochte Kartoffeln, die Sie nicht schälen müssen, füllen den Magen, sind aber kalorienarm und eignen sich deshalb auch gut für Hunde mit etwas Übergewicht. Reis ist dagegen gut für ein schönes Fell. Wir haben zu Hause einen Kaminofen. Wenn er in kalten Monaten in Betrieb ist, setze ich fast jeden Tag einen Topf mit Reis auf – jeweils mit einem Schuss Distel- oder Olivenöl. Der auf diese Weise energiesparend gekochte Reis kommt später ins Futter. Meine Hunde mögen das sehr, und es ist sehr preiswert. Sie brauchen auch nicht die teureren Vollkornprodukte kaufen. Im Gegenteil: Hunde mit empfindlichen Magen und Darm vertragen mitunter den einfachen (Milch-)Reis besser als Vollkornreis.

Was ist bei Dosenfutter zu beachten?

Wenn Sie hauptsächlich Dosenfutter benutzen, sollten Sie der Abwechslung wegen immer einmal wieder die Marke wechseln und frische Zutaten beimischen. Bei Dosenfutter gibt es sehr große qualitative Unterschiede. Hier müssen Sie unbedingt das Kleingedruckte lesen. Wichtig ist, dass das Futter keinen Zucker enthält und der Fleischanteil möglichst groß ist. Zucker ist für Hunde noch schädlicher als für uns Menschen. Und der Fleischanteil variiert bei den verschiedenen Futtermarken zwischen 4 und knapp 70 Prozent; das ist ein ganz schöner Unterschied! Daraus ergibt sich, dass das billige Futter nicht das preiswerteste ist: Wenn Sie 0,80 € für eine 1240 g-Dose mit 4 Prozent Fleischanteil bezahlen und ungefähr das Vierfache für die gleiche Menge mit einem über 12-fachen Fleischanteil – was ist dann günstiger? Hier gibt es im breit gefächerten Angebot an Do-

Mein Tipp

Statt eines billigen lieber ein hochwertiges, etwas teureres Futter kaufen und durch eigene Beilagen wie Reis, Kartoffeln, Nudeln, Brot oder Flocken strecken. Das bedeutet weniger Dosen bei gleichem Fleisch-Beilagen-Verhältnis. Und noch drei weitere Vorteile: Erstens wissen Sie besser darüber Bescheid, was Ihr Hund letztendlich isst. Zweitens müssen Sie weniger Dosen schleppen und entsorgen. Und drittens: Ein zuckerfreies Futter ist nicht nur für die Zähne des Hundes gut, es spart mit großer Wahrscheinlichkeit langfristig auch noch Tierarztkosten.

Die Futtermittelindustrie macht uns die Hundeernährung leicht. Aber mischen und strecken Sie das Fertigfutter möglichst oft mit ein paar frischen Zutaten.

senfutter übrigens auch noch alle möglichen Zwischenstufen. Hochwertiges Dosenfutter finden Sie kaum im Discounter, manchmal in einem gut sortierten Supermarkt, fast immer im Fachhandel, auch in den Futtermittelmarkt-Ketten. Manche Marken sind nur über den Versand zu bestellen und werden frei Haus geliefert.

Was gibt es für Alternativen zum Dosenfutter?

Wenn Sie kein oder nicht nur Fertigfutter aus der Dose anbieten möchten, dann können Sie beim Metzger Pansen, Lunge oder Schlund kaufen und kochen sowie mit einer der o. g. Beilagen servieren. Ihr Hund wird Freudentänze aufführen vor Begeisterung. Und das entschädigt dann auch für den kurzfristig etwas unangenehmen Geruch in der Küche. Lunge schmeckt fast allen Hunden extrem gut. Weil sie jedoch im Unterschied zu Pansen und Schlund keinerlei Nährwert hat, sollte sie nicht zu oft auf dem Speiseplan stehen.

Wie kann man gut und preisgünstig füttern?

- Erstens wie zuvor bereits beschrieben.
- Zweitens gibt es darüber hinaus noch so manches, was fast oder gar nichts kostet und von Ihrem Hund gerne genommen wird. Altes, hartes Brot oder trocken gewordenes Baguette zu Beispiel kann ein »Beschäftigungsleckerli« werden. Natürlich

Richtig verarbeitet können auch die Reste unserer Hähnchenmahlzeit im Hundenapf landen.

darf es keinerlei Anzeichen von Schimmel zeigen! Verfressene Hunde, die anspruchslos sind, werden es gerne nehmen, zerkauen und schließlich aufessen wie einen Kauknochen. Verwöhnte Naturen werden das dargebotene Stück höflich annehmen, beschnuppern und dann mit vorwurfsvollem Blick enttäuscht wieder liegen lassen. Aber so schnell geben Sie nicht auf. Reiben Sie das Brot mit Wurst oder Speck ein; bestreichen Sie es gar mit Schmalz oder ein bisschen Streichwurst oder -käse, und auch ein anspruchsvoller Vierbeiner wird es jetzt nicht mehr ablehnen – es sei denn, er ist superverwöhnt.

- Drittens: Kaufen Sie größere Mengen von Lunge, Pansen, Schlund oder Suppenfleisch beim Metzger günstig ein und frieren Sie es möglichst schon portionsgerecht ein. Oder Sie fragen ganz einfach nach »Fleisch für den Hund«.

- Viertens: In Zoofachhandel und Supermärkten gibt es zahllose abgepackte Leckerchen, die jedoch vergleichsweise teuer sind. Oft kann es günstiger sein, einen Beutel frischer Wurstreste (Endstücke) an der Metzgertheke zu kaufen oder Wurst, die weniger kostet, weil ihr Verfallsdatum erreicht ist. Ihrem Hund ist das egal. Er wird sich über die leckere Belohnung freuen! Weil Wurst mehr Fett und Salz als Fleisch enthält, sollte sie jedoch wirklich nur als Ausnahmeleckerei zwischendurch angeboten werden.

Wie kann man Hähnchenreste verwerten?

Geflügelknochen dürfen Hunde bekanntlich nicht essen, weil es sich dabei um Röhrenknochen handelt, die leicht splittern. Und an solch einem Splitter könnte ein Hund ersticken oder sich an Gaumen oder Speiseröhre verletzen. Auch wenn ein Hund unterwegs irgendwo solch einen Knochen findet, sollten Sie ihn ihm wegnehmen. Wenn Sie Hähnchenfleisch verfüttern möchten, müssen Sie also das Fleisch von den Knochen lösen.

Sie können aber auch die Knochen und Hähnchenreste eines Essens verwerten (siehe »Mein Tipp«). Denn sie wegzuwerfen ist natürlich auch schade, enthalten sie doch Knochenmark und Knorpel, die für den Hund ein hochwertiges Nahrungsmittel sind.

Mein Tipp

Waschen Sie etwaige starke Gewürze von den Knochen und drehen Sie das Ganze durch einen robusten Fleischwolf. Wenn es ein altes Modell ist, das Sie mit der Hand bedienen müssen, ist das zwar ein wenig anstrengend, aber dann können Sie sich über Ihren Kalorienverbrauch freuen. Und über die wertvollen Kalorien, die Sie auf diese Weise für Ihren Hund gewinnen und die sonst im Mülleimer gelandet wären. Meinen Hunden läuft bereits das Wasser im Maul zusammen, wenn sie bei der – zugegebenermaßen mühsamen – Zubereitung zusehen dürfen. Und es ist jedes Mal ein Festessen für sie und eine Abwechslung. Und wenn Sie den Fleischwolf schon in Benutzung haben, können Sie auch gleich noch eine gesunde Karotte durchjagen und unauffällig unter die Hähnchenreste mischen.

Darf man Essensreste verfüttern?

Ein Hund ist kein Abfalleimer und sollte keinesfalls verdorbene Lebensmittel bekommen. Sollten jedoch nach einem Essen Nudeln, Reis, Kartoffeln, Grieß, Fleisch oder Fisch auf einem Teller übrig bleiben sowie Wurst und Käse, also alles Lebensmittel, die auch für einen Hund geeignet sind; warum sollte er sie nicht bekommen? Wie gesagt, Gewürze evtl. zuvor abwaschen! Auch Salatblätter, die Sie für Ihren Salat aussortieren, können – gut gewaschen – klein geschnitten ebenfalls unters Futter gemischt werden.

Woran sollten Sie vor allem bei Senioren nicht sparen?

Sie können zu billigen Flocken, Reis oder Nudeln greifen, ohne dass Ihr Hund dadurch benachteiligt wäre. Sparen Sie jedoch später, wenn er alt ist, nicht an hochwertigen Nahrungszusätzen, die Bänder und Bindegewebe sowie Knochen, Bandscheiben, Gelenke und Gelenkknorpel stärken und die Folgen von Arthrose und Hüftgelenksdysplasie mildern. Ergänzungsfuttermittel gibt es in Pulverform oder als Pellets; aber man erhält sie nicht im Supermarkt oder Discounter. Sie können sie bei Ihrem Tierarzt kaufen oder im gut sortierten Fachhandel und -versand. Auch im Internet werden Sie schnell fündig und können direkt bestellen. Übrigens gibt es auch für Hündinnen, die gerade säugen, besonderes Futter oder Zusätze, die einer Mangelversorgung in dieser wichtigen Phase entgegenwirken.

Reicht es aus, nur Trockenfutter anzubieten?

Trockenfutter hat zweifelsohne viele Vorteile. Gerade auf Urlaubsreisen und unterwegs ist es einfach bequemer, Trockenfutter in den Napf zu schütten. Bei warmen Temperaturen in südlichen Ländern wird es nicht schlecht und fängt nicht an zu riechen, sollte etwas übrig bleiben. Aber sollten Sie auf Dauer immer nur Trockenfutter anbieten, kann dies zu Nierenschäden führen. Bei Trockenfutter müssen die Halter unbedingt darauf achten, dass der Hund genügend trinkt, weil dessen Flüssigkeitsbedarf dann natürlich deutlich größer ist als bei Nassfutter.

Ein weiterer Nachteil: Trockenfutter kann dick machen. Denn es ist ein konzentriertes Futter, das bei gleichen Kalorien deutlich weniger Volumen als Nassfutter hat. Das verleitet den Hundehalter dazu, mehr Trockenfutter in den Napf zu schütten als notwendig. Und sein Hund ist viel zu schnell mit der Nahrungsaufnahme fertig, entsprechend frustriert und will nicht glauben, dass das schon alles war ...

Gönnen Sie – in Absprache mit dem Tierarzt – Ihrem Senior die Nahrungszusätze, die die typischen Altersbeschwerden wie Arthrose oder Gelenksdysplasie deutlich lindern können.

Was ist unter Rohfütterung zu verstehen?

Seit ein paar Jahren gibt es einen neuen Trend, der als Rohfütterung Einzug in die Näpfe unserer Hunde hält. Der Fachausdruck dafür ist »BARF«. Es stammt aus den USA und war ursprünglich die Abkürzung von »**B**orn **A**nd **R**aw **F**oods«, was »wiedergeborene Rohfütterer« bedeutet. Die vier Buchstaben können aber auch für »**B**ones **A**nd **R**aw **F**oods«, also »Knochen und rohes Futter«, stehen. Inzwischen gibt es sogar eine deutsche Variante, nach der »BARF« für »**B**iologisches **A**rtgerechtes **R**ohes **F**utter« steht.

BARF ist speziell für die Fütterung von Hunden und anderen Fleisch fressenden Haustieren entwickelt worden, wobei man sich an den Fressgewohnheiten von Wölfen und wildlebenden Hunden orientiert hat. Fleisch, Knochen und Gemüse werden in rohem Zustand verfüttert. Allerdings müssen die Halter dabei auf ein ausgewogenes Verhältnis achten und sich richtig gut auskennen, was nicht ganz einfach ist. Da jedoch das Interesse am »Barfen«, so das neu erfundenen Verb, steigt, gibt

Nicht nur beim Barfen sollte man darauf achten, dass die Futterbrocken auch zur Größe des Hundes passen und von ihm gut und gefahrlos verzehrt werden können.

es hierzu inzwischen nicht nur hilfreiche Fachliteratur, sondern auch entsprechende Produktangebote von Futterherstellern.

Etliche Hundehalter schwören auf Rohfütterung, denn sie haben die Erfahrung gemacht, dass dadurch Allergien, Unverträglichkeiten u. a. Beschwerden ihres Hundes erfolgreich bekämpft werden konnten. Es gibt aber auch etliche Kritiker dieser Methode. Vor allem Veterinäre und Ernährungswissenschaftler fürchten Mangelerscheinungen, Durchfälle, Verstopfung und gebrochene Zähne wegen der Knochen im Futter. Zudem könnten Krankheiten durch rohes Futter leichter übertragen werden. Und schließlich lassen sich die Mahlzeiten von Wölfen in der freien Natur nicht so einfach kopieren, nehmen diese doch ihren

pflanzlichen Nahrungsanteil bereits vorverdaut aus den Mägen ihrer Beutetiere auf und nicht als rohes Gemüse.

Man muss aus einer Fütterungsmethode keine Religion machen. Wer möchte, kann auch sozusagen »Barfen light« ausprobieren: Dabei kombiniert man Getreide- und Gemüseflocken mit wenig Knochen sowie rohem Fleisch und tierischen Nebenprodukten aus der Tiefkühltruhe.

Warum muss Schweinefleisch immer gekocht sein?

Hunde dürfen keinesfalls rohes Schweinefleisch essen. Nicht nur wegen der Salmonellengefahr, sondern wegen einer Krankheit, die für Menschen ungefährlich, für Hunde jedoch absolut tödlich ist. Die »Aujeszky'sche Krankheit« ist eine Herpesvirusinfektion mit tollwutähnlichen Symptomen, auch »Pseudo-Wut« oder »Juck-Seuche« genannt. Infizierte Hunde bekommen Lähmungen, Schluckbeschwerden, vermehrten Speichelfluss sowie ganz extremen Juckreiz mit entsprechendem Scheuerbedürfnis. Innerhalb kurzer Zeit sterben sie qualvoll. Bisher gibt es weder eine Heilung noch einen Impfstoff. Die einzige Prophylaxe ist der strikte Verzicht auf rohes Schweinefleisch im Hundenapf!

Können zu viel Knochen Probleme machen?

Hunde sollten ab und zu einmal einen Knochen genießen dürfen. Was gibt es Schöneres für sie? Aber sie dürfen keinesfalls fast ausschließlich mit Knochen gefüttert werden. Die Größe eines Knochens sollte zu der des Hundes passen. Manche Experten lehnen Knochen auf dem Hundespeisezettel grundsätzlich ab, weil sie zu Verstopfung führen können. Für Hunde mit diesbezüglichen Problemen sollten sie daher in der Tat tabu sein, auch wenn es schwerfällt. Bei anderen können Sie einer möglichen Verstopfung vorbeugen, indem Sie zum Knochen unbedingt Nass- statt Trockenfutter anbieten. Hunde mit Verdauungsproblemen können sich aber mit Büffelhautknochen, Kaustäbchen oder Hundekuchen trösten – und beschäftigen – und damit noch einen Beitrag zur Zahnreinigung leisten.

Sollen Hunde Knoblauch bekommen?

Nach neueren Erkenntnissen: nein. Wie bei uns Menschen, so ändern sich auch bei unseren Haustieren die Empfehlungen der Ernährungswissenschaftler mitunter schneller als unsere Ess- oder Fütterungsgewohnheiten. So hatte auch ich noch in meinem allerersten Hundebuch den falschen Tipp gege-

Mit so einem Prachtknochen zwischen den Pfoten läuft nun wirklich jedem Hund das Wasser im Munde zusammen.

ben, prophylaktisch gegen Zecken, Flöhe und andere Blutsauger ab und zu einmal eine Knoblauchzehe ins Futter oder ins Hundemäulchen direkt zu stecken, wie ich es selbst auch jahrelang bei meinen Tieren getan habe. Für uns Menschen ist Knoblauch bekanntlich aus den verschiedensten Gründen geradezu lebensverlängernd. Und in Transsylvanien wurde er schließlich auch seit Jahrhunderten erfolgreich gegen Blutsauger eingesetzt. (Scherz!) Aber im Unterschied zu uns Menschen vertragen Hunde die im (frischen) Knoblauch befindlichen ätherischen Öle nicht. Zwar gibt es Feinkostrezepte für Hunde, in denen z. B. bei Keksen ein wenig Knoblauch verwendet wird; dabei handelt es sich jedoch um Knoblauchgranulat, in dem die ätherischen Öle nicht mehr so intensiv sind.

Schadet Käse dem Geruchssinn?

Nein. Manche Fehlinformationen sind einfach nicht totzukriegen. Früher dachte man, Käse würde dem Geruchssinn der Hunde schaden. Aber das gehört ganz eindeutig ins Reich der Legenden. Stattdessen sind Käsewürfel ein geeignetes Leckerchen und eine wunderbare Belohnung.

Was ist bei gewürzten Speisen zu beachten?

(Stark) gewürzte Speisen sind für Hunde schädlich. Ich würde mir aber dennoch ein gutes Steakstück, das auf dem Restaurantteller übrig geblieben ist, einpacken lassen, wäre doch schade drum. Bevor man es dem Hund gibt, kann man die Gewürze ja abwaschen. Salz ist das einzige Gewürz, das Hunde – in Maßen natürlich – sogar brauchen. Das ist übrigens auch der profane Grund dafür, dass Hunde uns oft die Haut ablecken wollen. Besonders, wenn es heiß ist und wir schwitzen, schmeckt sie salzig.

Wann sollen Hunde essen?

Uns Menschen wird empfohlen, sich nach einem guten Essen ein bisschen zu bewegen und so die Verdauung anzuregen. Bei Hunden ist das gerade andersrum: Sie sollen sich *nach* dem Spaziergang den Bauch vollschlagen und nicht davor. Vor allem große Hunde sollten nach dem Fressen erst einmal ruhen, weil sonst die Gefahr einer Magendrehung besteht, und die kann tödlich enden. Zwar kennt man alle Ursachen immer noch nicht ganz genau, aber ich würde hier kein Risiko eingehen. Kalkulieren Sie das daher bitte bei der Planung gemeinsamer Unternehmungen ein. Wenn mein Mann vor mir von der Arbeit nach Hause kommt und unsere Hunde ihn nerven, weil sie gefüttert werden wollen, ruft er mich erst an und fragt, ob ich noch vorhabe zu joggen oder nicht. Wenn gemeinsames Joggen ansteht, gibt's erst später Futter. Wir füttern am frühen Abend, andere morgens oder mittags. Das kann jeder so handhaben, wie es am besten in seinen Tagesablauf passt. Wenn man nur einmal am Tag füttert, dann ist es eigentlich egal, wann man dies tut.

Wie oft sollen Hunde essen?

Welpen und junge Hunde sollen mindestens drei- bis viermal am Tag eine Portion Futter erhalten. Innerhalb der großen Auswahl von Fertig- und Dosenfutter gibt es übrigens auch speziell für die Bedürfnisse von Welpen zusammengestellte Produkte. Bei erwachsenen Hunden reicht es, sie einmal am Tag zu füttern, möglichst immer einigermaßen zur gleichen Tageszeit.

Wenn Sie möchten, können Sie auch zweimal am Tag füttern, dann aber natürlich bitte nur jeweils die Hälfte der Tagesration. Vor allem bei großen Hunden ist das von Vorteil, weil zweimal kleinere Portionen das Risiko der Magendrehung verringert. Auch für ältere Hunde ist zweimal täglich eine kleinere Futtermenge schonender und leichter zu verdauen. Außerdem brechen Hunde bekanntlich in wahre Begeisterungsstürme aus, wenn es Futter gibt. Warum ihnen also nicht die Freude zweimal am Tag machen?

Wenn Sie zwischendurch gerne einmal ein Leckerchen spendieren, sollten Sie bei einem zu Übergewicht neigenden Hund diese Kalorien bei der Hauptmahlzeit wieder abziehen.

Was tun bei fressneidischen Hunden?

Grundsätzlich darf man einen Hund nicht beim Fressen stören (bitte auch allen Kindern sagen!), aber besonders futterneidische Tiere sollte man vielleicht sogar in einem abgeschlossenen Raum in aller Ruhe ihren Napf leeren lassen, damit sie nicht ständig Angst haben müssen, es esse ihnen jemand etwas weg. Meistens zeigen diese Hunde kurz vor und während des Essens auch Aggressionen, weil sie in jedem anderen Wesen einen Futterkonkurrenten sehen. Und weil Sie sie kaum vom Gegenteil überzeugen können, füttern Sie sie einfach getrennt von anderen Hunden, falls Sie welche haben. Ganz weit weg sollten jetzt krabbelnde Menschenkinder sein. Aber, keine Sorge, fressneidische Hunde können außerhalb der Fütterungszeiten durchaus sehr friedliche und freundliche Zeitgenossen sein.

Die Darmstädter Hundetrainerin Perdita Lübbe empfiehlt zudem, besonders futterneidische Hunde lieber zwei- statt einmal am Tag zu füttern, um ihrer Sorge, nicht satt zu werden, ein wenig den Wind aus den Segeln zu nehmen.

Kann man überall Hundefutter kaufen?

Das Angebot an Hundenahrung füllt heutzutage endlose Supermarktregale. Daneben schießen auf Haustiere spezialisierte Futtermittelmarkt-Ketten wie Pilze aus dem Boden der Gewerbegebiete. Selbst in entlegenen Orten unserer Urlaubsländer können Sie Hundefutter kaufen. Als ich als junge Studentin Anfang der 1980er-Jahre zum ersten Mal mit eigenem Hund nach Südspanien fuhr, war das noch anders. Und es stellte sich als ziemlich weitsichtig heraus, dass ich damals den halben Kofferraum voller Dosenfutter hatte. Das geht aber natürlich nur, wenn man ein großes Auto, oder wie ich damals, ein Wohnmobil hat. Ansonsten ist es aber auch

nicht weiter tragisch, in Ländern oder Gegenden, in denen keine spezielle Tiernahrung angeboten wird, ausnahmsweise einmal geeignete Lebensmittel für Menschen zu kaufen und dem Hund zu verfüttern.

Was ist die richtige Menge?

Die Fütterungsempfehlungen auf den Packungen und Dosen sind fast immer zu hoch. Stattdessen gibt es eine realistische Faustregel, nach Sie erst einmal leicht unter der untersten Angabe bleiben und schauen, wie sich der Hund entwickelt. Haben Sie den Eindruck, er sei zu dick oder zu dünn, dann verringern oder erhöhen Sie die Futtermenge einfach wieder. Sollten Sie sich dabei unsicher fühlen, fragen Sie Ihren Tierarzt nach seiner Einschätzung.

Sind unsere Hunde zu dick?

Ja, immer mehr Hunde (Katzen übrigens auch) sind mehr oder weniger übergewichtig, weil sie zu wenig Bewegung und zu viel kalorienreiches Futter bekommen. Ganz schlimm ist der folgende Teufelskreis: Weil der Besitzer zu wenig Zeit hat oder aus gesundheitlichen Gründen nicht mehr gut zu Fuß ist, kommen die Spaziergänge zu kurz oder finden so gut wie gar nicht mehr statt. Aus schlechtem Gewissen verteilt sein Mensch nun noch mehr Leckerchen. Das Unheil nimmt seinen Lauf und der Hund immer mehr zu. Ein Problem, das vor allem bei alten Menschen mit Haus-

Übergewicht verringert Lebensqualität wie Lebenserwartung unserer Haustiere. – Und dafür sind die Menschen verantwortlich, die sie füttern!

tieren auftritt. Und in Familien oder Wohn-
gemeinschaften kommt es vor, dass jeder
Leckerchen gibt, ohne sich mit anderen abzu-
sprechen, oder dass sich Einzelne, oft sind
das natürlich die Kinder, nicht an die Fütte-
rungsvorschriften halten, weil der Hund ja so
süß oder traurig oder bittend geguckt hat…
Das können Hund ja bekanntlich gut.

Was ist von Diätfutter zu halten?

Wie bereits erwähnt, empfiehlt der ganzheit-
lich arbeitende Tierarzt Dr. Michael Wolters
die »Kartoffeldiät«. Es gibt aber auch fertiges
Diätfutter. Das ist zwar nicht billig, kann aber
bei vorschriftsmäßiger Anwendung durchaus
eine sichtbare Gewichtsreduktion bewirken.
Genau wie die Nahrungsergänzungsmittel
können Sie spezielles Diätfutter bei Ihrem
Tierarzt oder im gut sortierten Fachhandel
kaufen. Während man bei uns Menschen
sagt, dass eine erfolgreiche Diät im Kopf
beginne, ist es bei unseren Hunden so, dass
die erfolgreiche Diät im Kopf ihrer Menschen
beginnt. Schließlich sind alleine wir verantwortlich für das, was sie essen.

Backen für Hunde liegt voll im Trend. Wer daran
Spaß und auch genügend Zeit dafür hat, kann sich
in entsprechenden Rezeptbüchern Anregungen
holen (s. Seite 156).

Welche Rolle spielen Leckerchen und Belohnungen?

Wenn Sie Ihrem Hund häufig ein Leckerchen
zustecken oder ihn besonders oft belohnen,
vielleicht, weil Sie ihn gerade erziehen oder
trainieren, dann ist die Rechnung einfach:
Das, was Sie an Kalorien zwischen den Mahlzeiten hinzufügen, müssen Sie beim Haupt-
essen wieder abziehen. Ungefähr wenigstens.

Was darf niemals vergessen werden?

Immer *frisches WASSER!*

Was ist für Pflege und Gesund-
heitsvorsorge notwendig?

Ich habe bereits ein paar Tipps gegeben, wie Sie bei verschiedenen Anschaffungen rund um Ihren Hund Geld sparen können, ohne dass das dem Tier in irgendeiner Weise zum Nachteil gereicht. Statt in teuere Accessoires sollten Hundehalter lieber in eine gute Ernährung, Erziehung und Ausbildung sowie in die Gesundheit ihres Vierbeiners investieren. Wichtig ist, dass genug Geld für Impfungen und ärztliche Behandlungen vorhanden ist.

Wie oft soll ein Hund gebürstet werden?

Bürsten Sie Ihren Hund so oft wie möglich, so oft, wie Sie Zeit und Lust haben. Es tut ihm immer gut. Wählen Sie eine Bürste, die ihm angenehm ist (vgl. »Was gehört zur Grundausstattung?«, Seite 50/51) Bürsten ist gleichzeitig eine leichte Massage, die die Durchblutung anregt und für Ihren Hund im Idealfall wie eine intensive Streichel- und Schmuseeinheit sein kann. Ob er das so empfindet, wird er Ihnen schnell zeigen: Entweder er kommt begeistert angeflitzt und macht schon mal brav »Sitz«, wenn Sie zur Bürste greifen, oder er nimmt Reißaus. Cockerspaniel neigen eher zu Letzterem.
Leider wollen meistens gerade die Hunde nicht gebürstet werden, die es besonders nötig hätten. Bei Spaniels, (Wolfs-)Spitzen,

Yorkshire Terriern, Chow Chows u. a. müssen Sie manchmal etwas Überzeugungsarbeit leisten. Bei denen ziept es ja auch ein bisschen mehr. Unsere Cockerhündin hat dann sogar gebissen. Wenn sie Kletten oder kleine Ästchen im Fell oder in ihren »Behängen« hatte, wie man das nennt, musste die ganze Familie

Einen Cocker an seinen empfindlichen Lockenohren zu bürsten, erfordert Fingerspitzengespür auf Seiten des Menschen und Vertrauen auf Seiten des Hundes.

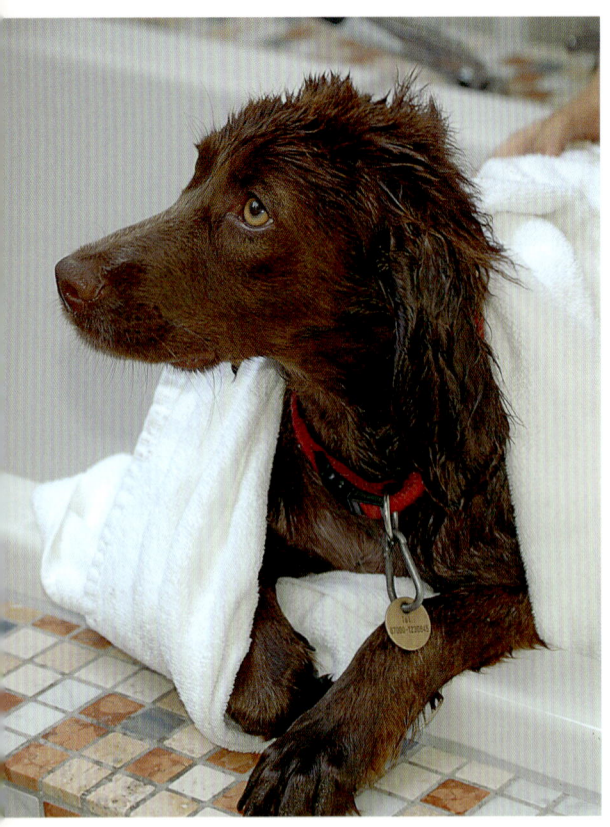

Das Halsband würde ich beim Bürsten, Baden oder Duschen ausziehen.

anrücken. Einer lenkte sie ab, am besten mit einem Stück Wurst, ein anderer hielt die Pfote, wieder ein anderer schnitt mit der Schere schnell die schlimmsten Stellen raus – egal, wie es danach aussah. Gut, wenn wir dabei nicht auch noch eine Zecke entdeckten … Gebürstet werden muss für alle Fälle und Felle, nicht nur, um das Oberfell sauber zu halten und abgestorbene Haare zu entfernen, sondern vor allem auch, um die losen Haare der Unterwolle herauszukämmen. Sie werden

sich wundern, wie viel da rauskommt. Besonders schlimm ist es zweimal im Jahr, und zwar im Frühling sowie im Herbst, wenn mit dem Wechsel der Jahreszeiten auch der des Hundefelles stattfindet. Gewöhnen Sie Ihren Hund also von Anfang an ans Bürsten, und nutzen Sie dabei gleich die Gelegenheit, ihn abzutasten und nach Zecken, Flöhen und etwaigen Ekzemen oder Verletzungen zu untersuchen. Danach ist der passende Moment für eine leckere Belohnung gekommen. Und denken Sie immer daran: Je häufiger Sie ihn bürsten, desto glänzender wird sein Fell aussehen und desto mehr Haare erwischen Sie, bevor sie bei Ihnen auf dem Teppich landen. Vor allem, wenn Sie Ihren Hund irgendwo in Pflege geben, sollten Sie ihn deswegen vorher immer noch einmal gründlich bürsten.

Wie oft soll ein Hund gebadet werden?

Aus Sicht der Hunde: gar nicht! Aus Sicht der Menschen: immer dann, wenn es notwendig ist. Doch da gibt es natürlich ganz verschiedene Einschätzungen. So richtig einseifen und shampoonieren sollte man einen Hund so selten wie möglich. Früher galt die Faustregel: Nicht öfter als ein- oder zweimal im Jahr, da die Hunde sonst ihre natürliche Fettschicht und damit ihren Hautschutz einbüßen würden. Heute kann man das lockerer sehen, gibt es doch inzwischen viel bessere Pflegeprodukte und spezielle Seifen, die die wichtige und empfindliche Fettschicht der Hundehaut schonen.

Wann reicht Duschen?

Die schlimmsten Matsch-Monate können von November bis März dauern. Wenn es geregnet hat und Schnee und Eis auftauen, dann kommt es schon öfter vor, dass Sie vom Spaziergang zurückkommen und es mit Pfotenabwischen alleine nicht getan ist. Da ist es einfacher, den Hund fix in die Wanne zu schicken oder zu heben und gründlich lauwarm abzuduschen – ohne Shampoo und Seife. Ermuntern Sie Ihren Hund, sich möglichst noch in der Duschkabine oder Wanne zu schütteln. Mein Mann kitzelt unsere Hunde immer so ein bisschen im Ohr, dann schütteln sie sich meistens sofort. Und erst danach rubbeln Sie mit einem Handtuch das Fell ab. Belohnung nicht vergessen! Belohnung kann auch sein, nach der Prozedur gemeinsam ein bisschen zu raufen (Sie sind jetzt sowieso schon ziemlich nass) und um das böse Handtuch zu kämpfen. Ja, und ein nasser Hund stinkt! Aber er wird ja auch irgendwann wieder trocken.

Wann ist Shampoonieren angesagt?

Oft haben unsere Hunde ganz ähnliche Interessen wie wir und freuen sich über die gleichen Sachen. Es gibt aber auch Dinge, die sehen Mensch und Hund völlig unterschiedlich. Ein Beispiel ist das sogenannte Parfümieren: Ein schöner großer Misthaufen, ein frisch gedüngtes Feld – oh, welches Glück, denkt sich der Hund und ist auch schon losgeflitzt, um sich darin so richtig ausgiebig zu wälzen.

Er muss sich beeilen, so viel Fell wie möglich mit dem köstlich duftenden Material zu tränken, hat ihm doch die Erfahrung gezeigt, dass seine Menschen ihn schon bald zurückrufen oder sogar unter Einsatz ihrer Körperkraft aus seiner Parfümerie herausziehen werden. Doch damit nicht genug.

Nicht unwiderstehlich, sondern widerlich finden seine Menschen den mühsam erworbenen Duft – und sind erleichtert, nicht mit dem Auto zu den Feldern gefahren zu sein. Zu Hause angekommen, haben sie nichts Eiligeres zu tun, als den armen Hund in die Wanne zu stecken, gründlich einzushampoonieren und den schönen, schönen Geruch wieder zu entfernen! Schade drum. Aber ganz klar: Das ist ein Fall für Wasser *und* Seife – und zwar egal wie oft!

Richtig einshampoonieren sollten Sie Ihren Hund nur, wenn er sich in – aus unserer Sicht – übel riechenden Substanzen gewälzt oder sonstwie »parfümiert« hat.

Mein Hund Mikis – auch unterwegs möglichst immer gut parfümiert

Sie werden, lieber Leser, bei der bisherigen Lektüre dieses Buches schon festgestellt haben, dass ich Tierfreunde, die mit dem Gedanken spielen, sich einen Hund anzuschaffen, durchaus dazu ermuntern möchte, dies zu tun. Aber Sie sollen auch wissen, was auf Sie zukommt – oder zukommen kann. Wenn Sie das o. g. Parfümierungsbeispiel abstoßend fanden, dann ist das noch gar nichts gegen das, was sich mein Schäferhund Mikis während eines Spanienurlaubs geleistet hat. Es gibt nämlich einen Geruch, gegen den sind Jauche, Mist und frische Kuhfladen tatsächlich Chanel Nr. 5.

Es war August! Während wir in der Nähe eines ausgetrockneten Flussbettes rasteten, durfte sich der Hund ein wenig die Pfoten vertreten und die Gegend erkunden. Er blieb ungewöhnlich lange weg, obwohl wir nach ihm riefen. Schließlich mussten wir ihn suchen. Vom Rand des Flussbettes aus konnten wir nicht genau erkennen, ob es ein totes Schaf oder eine Ziege war, was da unten auf den Kieseln lag. Aber dass der schwarze Mikis auf dem Rücken darauf lag und sich begeistert hin und her wälzte, das sahen wir von Weitem. Er muss in diesem Moment sehr glücklich gewesen sein!

Wir waren damals mehrere Personen in einem sehr kleinen Auto und hatten noch etliche hundert Kilometer Fahrt vor uns. Was nun – was tun? Nerven behalten. Irgendwie muss es ja weitergehen. Also das eigene Shampoo aus der Reisetasche ganz unten im Kofferraum hervorkramen. Auslosen, wer den Hund von da wegholt. Der Geruch war in seiner Ekelhaftigkeit nicht mit Worten zu beschreiben. Ruhig bleiben und erst einmal gut durchatmen. Nein, besser nicht atmen. Lieber ein Taschentuch vor die Nase halten. Das Meer ist leider zu weit weg. Der Stausee auch. Einen blöderen Ort hätte sich Mikis nicht aussuchen können. Also den Trinkwasserkanister über ihm auskippen. Das reicht aber nicht. Jetzt einen Brunnen suchen. Mit dem stinkenden Hund zu Fuß in die Ortsmitte. Auf dem Dorfplatz ein Wasserhahn! Gott sei Dank. Dort einshampoonieren. Ausspülen. Den Hundenapf immer wieder füllen und über den Hund gießen.

Die Spanier haben großen Spaß an der Szene. Wirklich superlustig! Es spritzt. Erste Streitigkeiten innerhalb unserer Reisegruppe. Noch einmal einseifen. Abspülen. Und noch mal. Und noch mal. Einer hat inzwischen das Auto geholt. Wer opfert ein Handtuch? Abtrocknen. Gut, dass er kein Bobtail ist. Leere Shampooflasche wegwerfen. Den amüsierten Andalusiern noch einmal freundlich zunicken. Wer sitzt hinten beim Hund? Erneute Streitigkeiten. Trotzdem einsteigen und nix wie weg. Bis zur Autobahn kann man ja die Fenster offen lassen. So 100-prozentig ist der Geruch nicht weg. Aber morgen sind wir ja am Meer. Mikis wirkt beleidigt. Noch nie hatte er so toll gerochen. Und nach dem Waschen hat er diesmal noch nicht einmal eine Belohnung gekriegt!

Was ist Trimmen?

Nur Hunderassen mit einem sehr robusten, dichten Rauhaarfell müssen »getrimmt« werden, z. B. etliche Terrier und manche Schnauzer. Das lässt man am besten von einem Hundefrisör machen. Das englische Verb »to trim« bedeutet u. a. »putzen, stutzen, beschneiden, in Ordnung bringen« und meint bei Hunden, mit den Fingern oder einem Trimmmesser Haare aus deren Oberfell zu zupfen. Fellpflege bedeutet in diesem Fall auch Hautpflege, denn regelmäßiges Trimmen beugt Reizungen und Ekzemen vor. Optimal ist, alle vier Monate zu trimmen, denn dann bleibt die Schutzfunktion des Felles erhalten. Trimmen wird oft mit Scheren verwechselt.

Wann wird geschoren?

Manchen Hunden mit sehr langen Haaren und dickem Fell können ihre Menschen etwas Gutes tun, wenn Sie sie im Sommer scheren (lassen). Bobtail, Kommodor & Co. und natürlich deren Mischungen kann es je nach Temperaturen wirklich zu heiß werden. Pudeln auch, aber die werden natürlich nach wie vor oft sowieso aus optischen Gründen geschoren – je nach Geschmack ihrer Menschen. Unbedingt nötig ist es nicht. Sonderfälle sind verwahrloste Tiere, deren Fell mangels Pflege so verfilzt ist, dass es keine andere Möglichkeit mehr gibt als die Schur. Häufig müssen das die Tierschützer veranlassen, bei denen die ganz schlimmen Fälle – und Felle – durch

Brav lässt sich der West Highland White Terrier beim Hundefrisör trimmen. Sein abstehendes Kopfhaar bildet übrigens das, was Fachleute als runden »Chrysanthemen-Kopf« bezeichnen.

Beschlagnahmungen aus schlechter Haltung landen.

Muss man die Krallen schneiden?

Außer der sogenannten Wolfskralle, das ist die fünfte Kralle, sozusagen der Daumen der Hundepfote, sollte man eigentlich keine Krallen schneiden müssen. Vielmehr sind überlange Krallen bei einem gesunden Hund ein Hinweis auf zu wenig Auslauf. Um Krallenschneiden zu vermeiden, sollten Sie Ihren Hund zusätzlich zu ausgiebigen Spaziergängen öfter zum Buddeln im Sand animieren, denn das hat eine gute Schmirgelwirkung. Versuchen Sie so lange wie möglich, die Krallen auf diese natürliche Weise kurz zu halten. Ausnahmen bilden alte, kranke und gebrechliche Tiere, die nicht mehr so viel laufen (können). In diesen Fällen bietet es sich an, die Krallen bei jedem Tierarztbesuch kontrollieren und ggf. kürzen zu lassen. Zwar kann man sich für ca. 10–15 € einen speziellen Krallenschneider anschaffen, aber ich rate dringend davon ab, das Krallenschneiden selbst zu versuchen. Ich traue es mich jedenfalls nicht. Denn nur bei ganz hellen, durchsichtigen Krallen sieht man, wo die Blutgefäße anfangen, in die man keinesfalls hineinschneiden darf. Die meisten Krallen sind dunkel. Hier kann kein Laie sehen, wo der Schnitt anzusetzen ist, und das eigene Tier schlimm verletzen.

Buddeln macht Spaß! Besonders eifrige Naturen bauen regelrechte Tunnels, in denen sie sogar selbst verschwinden können.

Was passiert mit der Wolfskralle?

Falls sie bei einem ungepflegten Tier wie beispielsweise einem herrenlosen Streuner bereits in die Haut eingewachsen ist, muss sie vom Tierarzt entfernt werden. Bei meinem Matteo aus Sizilien war das der Fall. Da die Wolfskralle so überflüssig wie unser Blinddarm ist, empfehlen manche Veterinäre, sie wegen der Verletzungsgefahr prophylaktisch zu entfernen, wenn ein Hund z. B. bei der Kastration oder aus irgendeinem anderen Grund sowieso in Narkose gelegt werden muss.

Eine Zecke, was nun?

Wenn Sie eine Zecke ertasten, die schon größer ist und etwa die Gestalt einer Erbse oder Bohne hat, dann können Sie sie mit den Fingern herausdrehen – vorausgesetzt, der Hund hält einigermaßen still. Für kleine und ganz kleine Zecken brauchen Sie eine Pinzette oder Zeckenzange. Letztere ist eine großartige Erfindung, die Sie für ein paar Euro beim Tierarzt, in der Apotheke oder im Zoofachhandel kaufen können. Manche Haushaltswarenläden führen sie auch. Im Unterschied zur Pinzette können Sie mit der Zange ohne abzusetzen drehen, eine große Erleichterung, vor allem, wenn Sie alleine hantieren und gleichzeitig den Hund fest- und seine Haare auseinanderhalten müssen.

Seit Kurzem gibt ein neues Zeckenzangenmodell auf den Markt. Das ist eigentlich gar keine Zange mehr, sondern greift den Blutsauger mit einer Schlaufe, sodass man ihn

Von April bis Oktober das wichtigste Utensil daheim und unterwegs: die Zeckenzange.

problemlos herausziehen kann. Viele Hundehalter und Tierschützer schwören auf diese neue Methode. Ich drehe lieber. Mit dem Zeckenentfernen ist es wie mit dem Pilzesammeln: An der Frage, wie man es richtig macht, scheiden sich eindeutig die Geister. Bei Pilzen: herausdrehen oder mit dem Messer abschneiden? Bei Zecken: herausdrehen oder ziehen?

Wie auch immer, auf keinen Fall einfach herausreißen, denn dann würde der Kopf der Zecke abgerissen, im Tier stecken bleiben und

Mein Tipp

Falls Sie an sich selbst, an Ihren Kindern oder einem anderen Menschen in Ihrer Umgebung eine Zecke entdecken, bewahren Sie Ruhe und verfahren Sie ganz genauso wie am Beispiel Hund beschrieben. Wenn Sie mit einem Tier durch Wald und Flur streifen, ist die Wahrscheinlichkeit größer, dass die Menschen von Zecken verschont bleiben, denn die bevorzugen ganz eindeutig Säugetiere *mit* Fell. Vor allem in südlichen Ländern gibt es Zecken, die Borrelien und damit die Krankheit Borreliose übertragen.

u. U. Entzündungen hervorrufen. Außerdem soll die Zecke unbedingt lebend entfernt werden, denn im Todeskampf stößt sie noch einmal Giftstoffe in den Körper ihres Wirtes. Wenn Sie sie erwischt haben, dann machen Sie sie aber bitte für immer unschädlich, damit sie sich nicht wieder ein neues Opfer sucht.

Wie stellt man Flohbefall fest?

Wie kann man sichergehen, ob ein Tier Flöhe hat oder nicht? Wenn Ihr Hund sich auffallend häufig und anhaltend kratzt, sollten Sie sein Fell genau untersuchen. Zwar ist das bei Hunden mit schwarzem Fell schwieriger als bei blonden, aber es ist niemals unmöglich. Sollten Sie keine Flöhe mit bloßem Auge

sehen, dann aber vielleicht deren Kot – auffällig schwarze Krümel. Wenn sich diese Krümel auf einem feuchten weißen Blatt Papier rot verfärben, weil sie nämlich aus dem Blut Ihres Hundes bestehen, dann wissen Sie ganz genau: Ihr Hund hat Flöhe!

»Jeder Hund hat doch Flöhe!«, ist eine nach wie vor verbreitete Meinung, aber das ist vollkommen überholt. Selbstverständlich muss heutzutage kein Hund mehr längerfristig oder gar chronisch unter Flöhen leiden. Es gibt genug wirksame Mittel, mit denen man den Blutsaugern zu Leibe rücken kann. Andererseits ist es keine Peinlichkeit, wenn Sie einen Floh entdecken. Auch der gepflegteste Hund kann sich schnell anstecken, denn Flöhe können bekanntlich sehr weit hüpfen. Sollten Katzen und Hund in einem gemeinsamen Haushalt leben, so kann es vorkommen, dass die Katze sich die Flöhe von einer Beutemaus holt und an den Hund weitergibt.

Flohbefall sollten Sie nicht auf die leichte Schulter nehmen, denn die Plagegeister können Allergien auslösen oder Krankheiten übertragen, z. B. eine Bandwurminfektion. Keine Sorge, auf Menschen weichen Flöhe nur in Notsituationen wie extremer Überbevölkerung im Fell Ihres Hundes aus.

Was tun bei Flöhen?

Flöhe sind deutlich schwerer zu bekämpfen als Zecken. Denn erstens können sie so fantastisch springen, dass man sie kaum fangen kann. Und, zweitens, selbst wenn es Ihnen gelingen sollte, mit Glück, Geduld und viel

Mühe ein paar Flöhe zu erwischen, so kann das nur ein Tropfen auf dem heißen Stein sein, weil dort, wo Sie einen Floh hüpfen sehen, in Wirklichkeit zahllose vorhanden sind, da sie sich unglaublich schnell vermehren und spätestens alle zehn Tage ihr Nachwuchs schlüpft. Manuell kommen Sie da nicht dagegen an, da muss leider die chemische Keule her.

Früher hat man in solchen Fällen das Fell mit einem speziellen Anti-Floh-Shampoo gebadet, was innerhalb von zehn Tagen wiederholt werden muss. Parallel dazu müssen Sie natürlich auch die Schlaf- und Lieblingsplätze, auch im Auto, entsprechend behandeln. Gegen Eier und Flohnachwuchs hilft gründliches Staubsaugen.

Flöhe sind eine sehr lästige Plage, aber keine Katastrophe.

Inzwischen gibt es noch eine einfachere Methode, nämlich ein Kriechöl, das Sie dem Hund am Genick ins Fell drücken und das sich daraufhin von alleine über den Körper ausbreitet und die Flöhe von innen heraus vergiftet. Allerdings vergiftet es dabei natürlich auch ein wenig das Blut des Hundes, was ein erwachsenes Tier jedoch normalerweise gut verkraftet. Die Schutzwirkung hält zwei Wochen lang an, danach müssen Sie die Prozedur noch mindestens einmal wiederholen, weil dann eine neue Flohgeneration geschlüpft ist und im Gegensatz zu den Flöhen deren Eier nicht abgetötet wurden. Bei Welpen darf dieses Mittel jedoch noch nicht angewandt werden, da es deren Wachstum beeinträchtigen könnte. Bei ihnen muss man auf die Bademethode und Flohpuder zurückgreifen. Ein weiterer Nachteil des Kriechöls ist, dass man ein Tier, dem es verabreicht

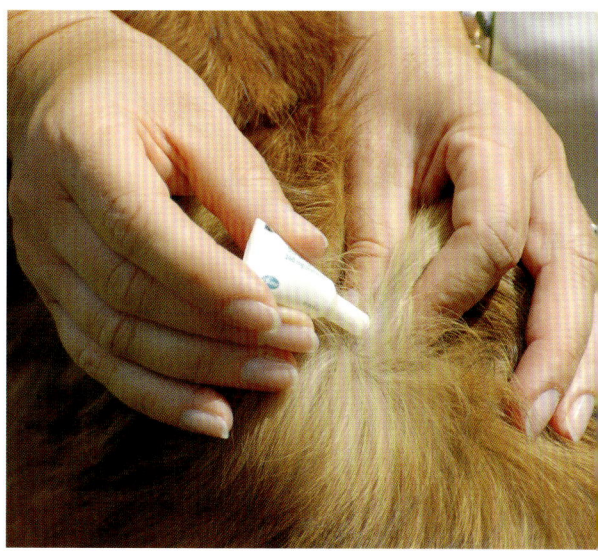

Kampf den Flöhen: Scheiteln Sie das Fell Ihres Hundes und halten Sie die Haare so auseinander, dass Sie das Kriechöl direkt auf seine Haut tröpfeln können.

wurde, drei Tage lang nicht streicheln soll: Vor allem Kindern muss man das natürlich erklären. Aber das ist bei Flohpuder u. Ä. eigentlich auch nicht anders.

Sind Ungezieferhalsbänder sinnvoll?

Ungezieferhalsbänder, die der Hund zusätzlich zum normalen Halsband oder Brustgeschirr trägt, halten zwar Flöhe und Zecken fern, haben jedoch etliche Nachteile: So büßen sie rasch ihre Wirkung ein, wenn ein Hund häufig ins Wasser springt. Sie sind eine permanente Giftquelle, was bedeutet, dass streichelnde (Kinder-)Hände ständig von ihnen ferngehalten werden müssen. Manche Hunde reagieren allergisch und verlieren im schlimmsten Fall rund um das Halsband ihr Fell. Außerdem bedeutet jedes Halsband

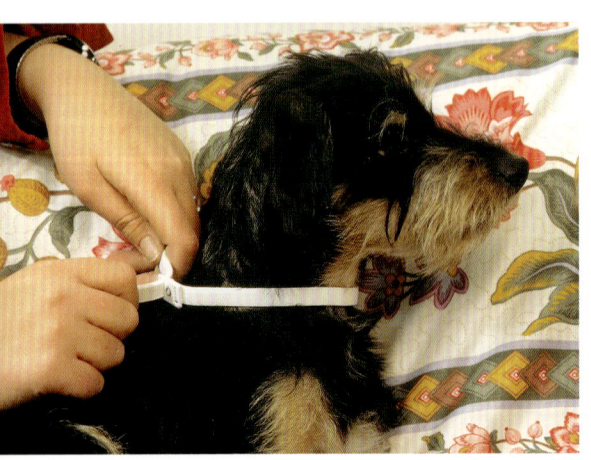

Das Ungezieferhalsband hält Blutsauger und Parasiten fern, büßt jedoch bei Wasserratten schnell seine Wirkung ein.

eine zusätzliche Gefahr, weil der Hund damit irgendwo hängenbleiben kann.

Was gilt es, bei Reisen in südliche Länder zu beachten?

In vielen unserer Urlaubsländer, nämlich rund ums Mittelmeer sowie in Portugal, gibt es eine Sandmücke, die Parasiten, sogenannte Leishmanien, überträgt, die wiederum die bei Hunden unheilbare Krankheit Leishmaniose auslösen. Hunde können daran sogar sterben, wenn die Krankheit nicht erfolgreich und aufwendig behandelt wird. Wenn Sie mit Ihrem Hund in eine von Leishmaniose betroffene Region reisen möchten, sollten Sie vorbeugen. Eine Impfung gegen Leishmaniose gibt es leider bisher noch nicht, aber Sie können zwischen zwei Prophylaxemaßnahmen wählen: Ein spezielles Ungezieferhalsband hält – neben Zecken und Flöhen – auch die gefährliche Sandmücke fern. Sie können aber auch ein Kriechöl verabreichen. So eines wie das gegen Flöhe gibt es auch gegen die Sandmücke. Bei beiden Mitteln hält die Wirkung zwei Wochen an. Wenn Sie länger bleiben, müssen Sie also zwei Halsbänder bzw. Kriechölkapseln mitnehmen. Beide Mittel verlieren an Wirksamkeit, wenn der Hund baden geht. Und wie auch bei den anderen Präparaten sollen Hunde mit Halsband oder Giftflüssigkeit im Genick nicht (so sehr) beschmust werden. Da Leishmaniose aber mitunter tödlich endet, würde ich kein unnötiges Risiko eingehen und die Nachteile der Prophylaxe in Kauf nehmen.

Mit gültiger Impfung und seinem Europäischen Heimtierausweis kann ein Hund – wie alle anderen Familienmitglieder auch – Sonne, Strand und Meer im Urlaub genießen.

Welche Impfungen braucht ein Hund?

Es gibt eine Fünffachimpfung gegen Tollwut, Leptospirose, Staupe, Hepatitis c. c. (= Infektiöse Leberentzündung) und Parvovirose. Hunde vom Tierschutz sind normalerweise bereits geimpft. Ein Impfpass gibt darüber Auskunft und zeigt, wann die nächste Impfung fällig ist. Die Tollwutimpfung muss schon deshalb regelmäßig wiederholt werden, weil sie die Voraussetzung für gemeinsame Auslandsreisen ist. Lassen Sie sich deswegen einen blauen Europäischen Heimtierausweis geben, denn nur der wird an der Grenze anerkannt.

Welpen müssen nach etwa vier Wochen ein zweites Mal geimpft werden: Die Grundimmunisierung besteht aus der ersten Impfung im Alter von ca. acht Wochen und ihrer unbedingten Wiederholung. Bei jeder Grundimmunisierung, egal, ob es sich um einen Welpen oder einen erwachsenen Hund handelt, der aus irgendeinem Grund bisher nicht geimpft worden war, ist es ganz wichtig, die exakten Abstände zwischen der ersten und der zweiten Impfung zu beachten. Denn wenn der zweite Impftermin verpasst wird, »verfällt« die erste und muss zunächst wiederholt werden, bevor man dann, möglichst genau vier Wochen später, die zweite Impfung folgen lässt. Damit hat Ihr Hund jetzt seine Grundimmunisierung. Und die nächste Spritze wird erst wieder in einem Jahr fällig sein.

Immer gleich fünffach zu impfen ist zwar sehr praktisch, aber eigentlich nicht notwendig. Denn die Staupeimpfung ist nur alle zwei Jahre fällig. Frühestens. Generell ist die bei uns übliche Impfpraxis in den letzten Jahren zunehmend von Experten kritisiert worden. So meinen etliche Universitätswissenschaftler, es würde zu viel und zu häufig geimpft. Unbestritten ist es wichtig, dass ein junger Hund regelmäßig geimpft wird. Aber irgendwann müsste es eigentlich für den Rest seines Lebens reichen. Wir Menschen lassen uns ja auch nicht jedes Jahr aufs Neue gegen alles Mögliche impfen.

Ich möchte hier keine Empfehlungen abgeben, rate jedoch jedem Hundehalter, sich genauer mit der Thematik zu beschäftigen. Die niedergelassenen Tierärzte raten allerdings fast alle zur umfassenden Jahresimpfung. Für sie sind die Impfungen aber auch eine wichtige und vor allem zuverlässige regelmäßige Einnahmequelle.

Die **Tollwut**impfung braucht Ihr Hund auf alle Fälle, denn ohne kann er nicht reisen und dabei eine Staatsgrenze überqueren. **Parvovirose** ist eine Viruskrankheit, die sich seit Jahrzehnten in Europa verbreitet. Gefährdet sind vor allem Welpen und alte Hunde mit geringen Abwehrkräften, denn bei ihnen verläuft diese sehr ansteckende Krankheit schnell tödlich. **Leptospirose** ist vor allem für die Hunde eine Gefahr, die zur Jagd auf Nagetiere eingesetzt werden und oft in Gewässer springen. Was **Staupe** und **Hepatitis** angeht, so sind sich die Veterinäre einig, dass Hunde, die ein

zweistelliges Alter erreicht haben, dagegen nicht mehr geimpft werden müssen.

Welche Wurmkuren stehen an?

Vor den Impfungen müssen Sie Ihren Hund entwurmen (lassen). Bei Welpen ist dies sogar mehrmals notwendig. Man sollte allerdings zwischen verschiedenen Würmern unterscheiden, denn sie müssen auf unterschiedliche Weise bekämpft werden. Manche Wurmkur richtet sich nur gegen Spulwürmer. Sie verabreichen sie in Form einer Paste, die Sie entweder ins Futter mischen, dann müssen Sie aber ganz genau gucken, dass sie auch vollständig aufgenommen wird. Oder sie präparieren damit ein unwiderstehliches Leckerchen wie z. B. eine zusammengerollte Wurstscheibe. Vor allem, wenn ein Tier zum ersten Mal behandelt wird und stark befallen ist, dürfen Sie nicht erschrecken, wenn Sie sehen, wie die unappetitlichen Würmer mit dem Kot abgehen. Seien sie stattdessen froh, dass die Kur offensichtlich so gut anschlägt. Wenn Sie die Prozedur fristgerecht noch einmal wiederholen, ist ein Spulwurmproblem relativ schnell und einfach behoben.

Schauen Sie sich aber dennoch sicherheitshalber von Zeit zu Zeit den Kot Ihres Hundes etwas genauer an oder lassen Sie ihn vom Tierarzt oder von dessen Labor mikroskopisch untersuchen, wenn Sie ihn sowieso aus irgendeinem Grund konsultieren müssen. Da jede Wurmkur eine, wenn auch leichte Belastung für ein Tier darstellt, sollte sie nicht einfach prophylaktisch durchgeführt werden, sondern nur aufgrund eines Befallnachweises durch eine Kotuntersuchung.

Etwas anders ist es natürlich, wenn Sie ein Hundebaby in einem südlichen Land finden. Da brauchen Sie keinen Test. Ein Fundwelpe hat mit Sicherheit Würmer, denn die Mütter übertragen sie bereits während der Trächtigkeit auf das ungeborene Tier. Bei Welpen ist ein extrem dickes Bäuchlein hierfür ein untrüglicher Hinweis. Aber auch als ich meinen erwachsenen Schäferhund Matteo auf Sizilien völlig ausgemergelt neben Mülltonnen fand, war klar, dass er ebenfalls Würmer haben muss. Das ist weder ungewöhnlich noch ein Grund für hysterische Ekelanfälle. Der Hund kann ja nichts dafür. Machen Sie einfach so schnell wie möglich eine Wurmkur, und gut ist es.

Ganz anders verhält es sich mit Bandwürmern, die leider nicht durchs Mikroskop im Kot aufgespürt werden. Stattdessen können Sie aber hier die entsprechenden Hinweise mit bloßem Auge erkennen, so es sie gibt. Ausgetretene Bandwurmglieder sehen aus wie Reiskörner und haften im Afterbereich oder im Kot des Hundes.

Bandwürmer werden nicht durch die Spulwurmpaste abgetötet. Dafür gibt es spezielle Tabletten, deren Dosis sich nach dem Gewicht des Patienten richtet.

Ein anderer Hinweis auf Wurmbefall könnte sein, wenn Ihr Hund »Schlitten fährt«, also mit dem After den Boden entlangschubbert, während er sich mit den Vorderpfoten vorwärtszieht und Hinterpfoten sowie Hinterteil nachzieht. Das kann eine Reaktion auf den Juckreiz sein, den die ausgeschiedenen Wurm-

Zugegeben, romantische Sonnenuntergänge wissen Hunde weniger zu schätzen.

glieder oder Würmer am After verursachen. Muss aber nicht!!! Mitunter versuchen die Tiere auch, auf diese Weise ihre Analdrüse auszudrücken. Ob das nötig ist, kann Ihr Tierarzt feststellen und ggf. dann gleich auch erledigen.

Für die Gesundheit und das Wohlbefinden eines Haustieres sollte die regelmäßige Kontrolle und im Bedarfsfall auch die gründliche Bekämpfung von Spul- wie Bandwürmern eine Selbstverständlichkeit sein, und zwar nicht nur, wenn kleine Kinder im gleichen Haushalt leben und oft und gerne mit dem Vierbeiner schmusen.

Übrigens: Nach einem Flohbefall ist es sehr wahrscheinlich, dass die kleinen Blutsauger ihren »Wirt« mit Bandwurm infiziert haben. Also können Sie nach der erfolgreichen Flohbekämpfung gleich mit der des Bandwurmes weitermachen.

Was kostet ein Hund?

Keine Frage, ein Hund kostet Geld, und das nicht nur in der Anschaffung, sondern sein ganzes, hoffentlich langes Hundeleben lang. Seit sich die wirtschaftliche Situation vieler Menschen verschlechtert hat, kommt es häufiger als früher vor, dass Halter ihre Hunde nicht mehr ausreichend versorgen können oder sogar abgeben müssen. Selbst wenn es für das tägliche Futter noch reicht, wird es spätestens dann eng, wenn Impfungen oder gar eine OP zu bezahlen sind. Tierschützer beklagen zudem, dass, sollten Hunde bei ihnen aus finanziellen Gründen abgegeben worden sein, sie sich häufig in extrem schlechtem Pflegestand befinden und seit Jahren keinen Tierarzt mehr gesehen haben – ein Trend, der aus ihrer Sicht zunimmt.

Was kostet ein Hund beim Tierschutz?

Auch in den Tierheimen werden die Hunde nicht verschenkt. Erstens können sich das die Tierschutzvereine gar nicht leisten, denn sie sind auf jeden Cent angewiesen, den sie kriegen können. Zweitens ist diese Vermittlungsgebühr auch ein Schutz für die Hunde und soll z. B. verhindern, dass ein unseriöser Interessent mit ihnen Geschäfte machen kann, indem er sie weiterverkauft. Dazu kommt die berechtigte Annahme, dass, wer

diese Schutzgebühr nicht zahlen kann oder will, auch nicht in der Lage sein wird, für die weiteren laufenden Unterhaltskosten sowie Tierarztrechnungen aufzukommen.

Die Schutz- oder Vermittlungsgebühr für einen Tierheim-Hund liegt zwischen 150 und 300 €. Es gibt aber Ausreißer nach oben wie unten. Bei Beträgen ab 250 € ist zu erwarten, dass das Tier bereits kastriert ist. Ältere Hunde oder Tiere mit einem Handicap werden mitunter auch für deutlich weniger Geld abgegeben. Das handhaben die Tierschutzvereine

Glücklich vermittelt: Der Hund freundet sich schon mit den Töchtern an, während die Eltern im Tierheimbüro den Schutzvertrag unterzeichnen und die Vermittlungsgebühr bezahlen.

ganz unterschiedlich. Manche nehmen auch für einen teureren Rassehund mehr als für einen Mischling. Das tun die Tierschützer natürlich nicht, weil sie den Rassehund als wertvoller ansehen, sondern ganz einfach, weil sie jede Gelegenheit nutzen wollen, etwas Geld in die leeren Kassen zu bekommen. Die Einnahmen der Vermittlungsgebühr kommen selbstverständlich den anderen Tierheiminsassen zugute. In ländlichen Regionen ist die Gebühr in der Regel niedriger als in München, Düsseldorf oder dem Rhein-Main-Gebiet.

Was kostet ein Hund beim Züchter?

Hier schwanken die Beträge natürlich noch mehr. Irgendwie widerstrebt es mir, bei Hunden von »Preisen« zu sprechen. Aber ich tue es jetzt einfach mal: Also, laut des Verbandes für das Deutsche Hundewesen (VDH) liegen die Preise von Rassewelpen zwischen 500 und 1500 €. Die Angaben beziehen sich selbstverständlich auf Züchter, die dem Verband beigetreten sind, und bei anderen sollten Sie sowieso nicht kaufen, wenn es denn schon ein Züchter sein soll. Die traditionell populären und weitverbreiteten Rassen wie Deutscher Schäferhund oder Dackel liegen im unteren Preisniveau und kosten ab 500 € bis knapp 1000 €. Die Welpen von Rassen, die sich in den letzten Jahren oder Jahrzehnten zu Modehunden entwickelt haben, etwa der Golden Retriever, sind teurer und kosten zwischen 1200 und 1500 €. Letzteres gilt übrigens auch für den Mops, der sich steigender

Beliebtheit erfreut. Wie gesagt, das sind die Preise für Hunde mit VDH-Papieren.

Es geht aber selbst bei Modehunden durchaus billiger. Für reinrassige Retriever- oder Labradorwelpen, etwa aus einem privaten Wurf, die ohne Papiere verkauft werden, müssen Sie um die 600 € rechnen. Und in ein Welpe aus einer liebevollen Hobbyzucht von Laien ist nicht schlechter als einer mit beeindruckendem Ahnenpass von einem Profi. Sicherheitshalber wiederhole ich noch einmal, wo Sie keinesfalls kaufen sollten: bei kommerziellen Profi-Züchtern, die nicht dem VDH angeschlossen sind. Auch nicht bei sogenannten Züchtern, die gleich mehrere Rassen anbieten und Ihnen nicht die Elterntiere zeigen wollen. »Hundevermehrer« nennen Tierschützer wie seriöse Züchter solche schwarzen Schafe abschätzig und sind sich in diesem Fall ausnahmsweise einmal völlig einig. Und schon gar nicht sollen Sie bei Händlern kaufen, die sich ihre Hunde von Gott weiß woher beschaffen. Und natürlich auch nicht im Ausland auf Märkten oder im Kaufhaus oder Supermarkt (vgl. hierzu auch »Wo sollte man keinesfalls kaufen?«, Seite 33).

Wie hoch ist die Hundesteuer?

Die Hundesteuer ist eine Angelegenheit der Städte und Gemeinden. Diese legen eigenständig den Betrag fest, der jährlich fällig wird. Kein Wunder, dass die Sätze extrem unterschiedlich sind. Aber im Internet können Sie über 1000 Kommunen anklicken und sich schnell über den Steuersatz Ihres Wohnortes

Was viele als ungerecht(fertigt) empfinden: Für Zweit- und Dritthunde in einem Privathaushalt steigt die Hundesteuer überproportional. Doch für Züchter gilt das nicht!

informieren. Generell kostet die Hundesteuer auf dem Land deutlich weniger als in Großstädten, wo die Tarife immer so um die 100 €, oft auch etwas höher liegen. Insgesamt variieren die Sätze deutschlandweit derzeit zwischen 20 und 140 €, im Durchschnitt so zwischen 50 und 70 €, für den ersten Hund. In vielen Gemeinden kostet der zweite oder gar dritte Hund erheblich mehr als der erste, zum Beispiel das Doppelte oder Dreifache, was ausgesprochen ungerecht ist. Doch die Gemeinden geben offen zu, auf diese Weise bei ihren Einwohnern die Tendenz zum Zweithund eindämmen zu wollen. Mancherorts langen die Rathäuser bei Hunden, die zu den Kampfhunderassen gezählt werden, deutlich kräftiger zu und fordern für sie mitunter mehr als das Dreifache der normalen Steuer.

Die schöne Idee, Tierfreunden, die einen Hund aus dem Tierheim holen, die Hundesteuer wenigstens für ein oder zwei Jahre zu erlassen oder dies zumindest für alte Hunde zu tun, die vom Tierschutz stammen, hat sich leider bisher noch nicht durchgesetzt. Schade.

Welche Tarife haben die Haftpflichtversicherungen?

Im Unterschied zur Hundesteuer ist es keine Pflicht, eine Haftpflichtversicherung abzuschließen. Aber sie ist dringend zu empfehlen, denn es kann ganz schnell einmal passieren, dass selbst ein wirklich braver und gut erzogener Hund einen Unfall verursacht. Im unglücklichsten Fall kann dabei ein hoher

Ein unachtsamer Moment reicht aus, um eine Katastrophe auszulösen. Das kann nicht nur das Leben eines Hundes kosten, sondern auch Kosten verursachen.

Schaden entstehen, z. B. wenn der Hund auf die Straße rennt und dadurch einen Auffahrunfall verursacht. Je nach Anbieter, Schadensumme und Leistungen, die Sie unbedingt ganz genau vergleichen sollten, bewegen sich hier die Tarife zwischen 35 und über 200 € im Jahr; der Durchschnitt liegt bei ca. 60 €.

Was muss man fürs Futter einkalkulieren?

Das hängt natürlich auch wieder von allen möglichen Faktoren ab. Aber um einmal eine ganz grobe Hausnummer zu nennen: Für einen etwa 10 kg schweren Hund kann man um die 20 € monatlich einkalkulieren, bei einem Schäferhund würde ich mit 30 bis 40 € rechnen.

Was kann das ganze Zubehör kosten?

Das *kann* natürlich alles furchtbar viel kosten. Schließlich könnte man ja Halsbänder mit Edelsteinen und Brillanten kaufen. Aber das brauchen Sie und Ihr Hund ja alles gar nicht. Also kaufen Sie das, woran Sie Spaß haben und was Sie sich leisten können. Oder lassen Sie es sein und besorgen Sie sich vieles gebraucht (vgl. Kapitel 2, Seite 50–61). Oder zweckentfremden Sie geeignete Gegenstände, die sich bereits im Haushalt befinden (Schüsseln, Decken, Matratzen, Kissen, Sofas). Was Sie unbedingt brauchen (und wahrscheinlich neu kaufen werden), sind:

- Halsband: Aus Leder oder Nylon liegen die Preise zwischen 5 und 90 €. Sogenannte Leuchtys, also Halsbänder, die im Dunkeln leuchten, kosten um die 35 €; einfache Lightbänder sind allerdings bereits ab 7 € zu haben.
- Oder Brustgeschirr: Aus Nylon ab 15 €; klitzekleine Geschirre für Handtaschenhunde gibt es sogar aus Leder schon ab 11 €.
- Hundeleine: Nylonleinen gibt es ab 10 €; für einen großen Hund kosten sie ca. 30 €; Lederleinen liegen zwischen 20 und 90 €.
- Schleppleinen kosten ab 7 € (5 m) über 11 € (15 m) bis zu über 20 €.
- Sicherheitsgurte fürs Auto: Hier liegen die Preise zwischen 15 und 120 €. Vorsicht, die teuren sind nicht die besten.
- Neoprenstiefelchen und Pfotenschutzschuhe kosten zwischen 10 und 30 €.
- Gute Bürsten, auch spezielle Unterwollebürsten, gibt es ab 9 €.

Was kostet die Gesundheitsvorsorge?

- Die Fünffachimpfung kostet 60–65 €. Bei einem Welpen, der die Grundimmunisierung, also das Ganze zweimal innerhalb von vier Wochen, braucht, muss man folgerichtig ca. 120 € einkalkulieren.
- Der Preis für den Mikrochip und seine Implantation liegt bei 35–40 €.
- Eine Wurmkur kostet für einen 10 kg schweren Hund 7 €, für einen 40 kg schweren Hund ca. 30 €.

Was berechnen die Hotels?

In Hotels, die Vierbeiner aufnehmen, wird für Hunde normalerweise zwischen 10 und 20 € pro Nacht berechnet. Für große Hunde müssen die Besitzer ungerechterweise manchmal mehr bezahlen als für kleine. In teureren Großstädten kostet die Hundeübernachtung in der Regel mehr als in einer Ferienwohnung auf dem flachen Land, und auf Sylt wohl mehr als im Bayerischen Wald.

Welche Fahrscheine braucht ein Hund?

Große Hunde zahlen bei der Bundesbahn den halben Preis eines Erwachsenen. Eine Bahncard gibt es für sie aber nicht. Kleine Hunde kosten nichts, wenn sie in einer Transportbox reisen – und bleiben (vgl. Seite 148/149). In Bussen und Bahnen ist das ganz unterschiedlich. Beispiel: In Darmstadt müssen Hunde in der Straßenbahn einen Kinderfahrschein lösen, im 40 km entfernten Frankfurt/Main fahren sie netterweise kostenlos mit. Gratis ist übrigens auch die Hundebeförderung auf den Bodenseeschiffen und -fähren. Danke!

In immer mehr Hotels sind Hunde erlaubt – als zahlende Gäste. Die Branche kann es sich auch gar nicht erlauben, die zahlreichen Tierhalter zu vergraulen.

Wie erziehe ich meinen Hund?

Vieles zum Thema ist natürlich bereits im Kapitel III über Eingewöhnung abgehandelt worden. Grundsätzlich lässt sich Hundeerziehung schwer in einem Buch beschreiben, weil es nur wenig allgemeingültige Empfehlungen gibt. Jeder Hund ist ein Individuum mit eigenen Erfahrungen, Verhaltensweisen und Interessen. Dennoch gibt es zahllose sehr gute Hundeerziehungsbücher und -DVDs mit ganz verschiedenen Ansätzen und Methoden. Aber ich finde es immer sehr frustrierend, irgendwelche Anleitungen und Tipps von kompetenten Hundetrainern zu lesen und auszuprobieren, um dann festzustellen, dass das bei meinem Hund so nicht funktioniert. Um Ihnen das zu ersparen, beschränke ich mich hier auf das Allernotwendigste.

Bei Hunden, denen es an Erziehung mangelt, vor allem jungen Rüden ab einem Alter von einem Jahr, empfehle ich den Besuch einer Hundeschule, wobei damit auch ein guter Hunde(sport)verein gemeint sein kann, was günstiger ist. Bei Hunden mit wirklichen Problemen, Verhaltensstörungen oder nervigen Unarten würde ich einen Hundetrainer um Hilfe bitten. Es gibt aber auch ganz viele Hunde, bei denen das alles gar nicht nötig ist, weil sie entweder bereits wunderbar erzogen sind oder aber mit Begeisterung möglichst all das machen, was ihre Menschen von ihnen wollen.

Soll oder darf man einen Hund umtaufen?

Falls Sie einen Hund aus zweiter Hand übernehmen, hat er wahrscheinlich schon einen Namen, auf den er hört. Verkneifen Sie sich dann bitte, ihn umzutaufen. Es reicht schon, dass er sein Zuhause wechselt, verwirren Sie ihn nicht noch mehr. Ausnahme ist, wenn der Hundename so bescheuert ist (oder Sie persönlich ihn so doof finden), dass Sie sich genieren, ihn in der Öffentlichkeit zu rufen. Was die Vorbesitzer vielleicht originell fanden, führt bei Ihnen dazu, sich ständig zu

Am besten vergewissert man sich vor jedem Training mit einem Leckerbissen der Aufmerksamkeit seines Hundes.

Die doppelte Jenny

Falls Sie umtaufen wollen, dann suchen Sie möglichst etwas Ähnliches. Ein Kollege von mir adoptierte auf Wunsch seiner damals 13-jährigen Tochter Jenny eine etwa gleichaltrige Mischlingshündin aus dem Tierheim Hanau, die ebenfalls Jenny hieß. Den spontanen Vorschlag der Tochter, sich von nun an mit ihrem zweiten Vornamen anreden zu lassen, wies die Mutter empört zurück. Man einigte sich schließlich darauf, die Hündin in »Lenny« umzutaufen. Dass trotzdem beim Ruf »Jenny« nach wie vor beide angelaufen kamen, erwies sich dabei als recht praktisch.

rechtfertigen: »Er hieß schon Vitali, bevor er zu uns kam«, »Er hört halt auf Putin …« oder »Obama – das war noch die Idee der Vorbesitzer!«.

Wenn Sie – wie ich – immer Fundhunde aufnehmen, die einen neuen Namen verpasst bekommen, sollten Sie viel mit ihnen sprechen. Dass ein Hund weiß, dass er gemeint ist, wenn man ihn ruft, kommt dann von ganz alleine und sogar ziemlich schnell. Somit ist die Grundlage für den nächsten wichtigen Schritt geschaffen.

Was ist das Allerwichtigste?

Zweifelsohne (über)lebensnotwendig ist es, dass ein Hund kommt, wenn man ihn ruft. Solange ihn nichts Interessanteres davon abhält, wird er von Natur aus gerne Ihrem Ruf Folge leisten. Schließlich mag er ja seine Menschen und sucht ihre Nähe. Das nutzen Sie nun aus. Sie rufen ihn mit freundlich-hoher Stimme, und wenn er angeflitzt kommt, herzen Sie ihn und loben ihn völlig begeistert. Das wird ihn freuen. Vor allem junge, verspielte Hunde kommen übrigens eher, wenn Sie ein bisschen herumfuchteln und -hüpfen und in die Hocke gehen. Das macht Sie nämlich interessant. Und dabei die freundlich-hohe Stimme nicht vergessen!

Jetzt machen Sie es etwas schwieriger: Der Hund liegt irgendwo in der Wohnung, und Sie rufen ihn aus einem anderen Zimmer. Wenn er jetzt kommt, freuen Sie sich wie wild und belohnen ihn mit einem Leckerchen. Nächster Schritt: das Gleiche jetzt in einem eingezäunten Garten.

Wenn diese ersten Schritte nicht klappen, wenn Ihr Hund nicht auf Ihr Rufen reagiert, müssen Sie zu ihm gehen, ein bisschen schimpfen und ihn sanft, aber bestimmt zu sich ziehen. Dabei seinen Namen und das Kommando »Hierher!« wiederholen. Wenn er dann – wenn auch nicht ganz freiwillig – bei Ihnen ist, freuen Sie sich und loben ihn. So verknüpft er das Zu-Ihnen-Kommen mit etwas Positiven.

Sobald das auch in einem eingezäunten Terrain im Freien klappt, probieren Sie es während des Spazierganges. Wenn Sie sich noch nicht ganz auf Ihren Hund verlassen können, üben Sie erst einmal mit einer Schleppleine. Damit können Sie auf ihn einwirken und ihn zu sich ziehen, wenn er nicht freiwillig kommt. Falls es nicht (gleich) klappt, dann müssen

Sie das so lange wiederholen, bis es der Hund einmal richtig macht, damit Sie einen Grund haben, ihn zu belohnen. Ganz einfache Regel: Hunde lernen am besten über positive Verstärkung. Und das Allerpositivste ist aus ihrer Sicht etwas Gutes zum Essen!

Falls Ihr Hund nun immer auf Ihr Rufen oder Pfeifen hin angelaufen kommt, ist das schon einmal ganz toll, heißt jedoch noch lange nicht, dass er auch dann kommen wird, wenn er etwas sieht, was seine Aufmerksamkeit von Ihnen ablenkt, was in diesem einen kurzen Moment ausnahmsweise sogar noch wichtiger ist als Sie. Ein Buddelloch, ein Teich oder ein Misthaufen sind nicht ganz so schlimm. Denn hier finden Sie Ihren Hund sofort, können mit ihm schimpfen und ihn wegziehen. Ärgerlich, aber ungefährlich.

Anders, wenn der Jagdtrieb oder gar eine Aggression die Oberhand gewinnt. Wenn es die Nachbarskatze ist, die ihn alles Rufen überhören lässt, oder ein Europäischer Feldhase oder – ganz blöd – der verhasste Yorkshire Terrier von nebenan, den er schon immer mal ohne Zaun dazwischen treffen wollte. Und gerade das sind ja genau die Situationen, in denen es darauf ankommt, dass der Hund sofort zu Ihnen gelaufen kommt, wenn Sie rufen.

Hier hilft nur: üben, üben, üben, und dem Hund immer wieder mit der Schleppleine zeigen, dass Sie der Boss sind. Wenn er losstürzen will, treten Sie schnell auf die Leine und bremsen ihn unsanft. Verzweifeln Sie nicht, wenn das alles nicht gleich klappt, sondern holen Sie sich bei Bedarf Hilfestellung bei einem netten Hundeverein.

Mein Tipp

Hunde, die sich eher doof anstellen, lernen besser und kapieren schneller, wenn es ihnen ein anderer Hund vormacht. »Beobachtungslernen« nennt man das. In der freien Natur können Wölfe und Hunderudel nur dadurch überleben, dass die junge Generation sich alles von den erfahrenen älteren Artgenossen abschaut. Nehmen Sie also zum gemeinsamen Spaziergang einen zuverlässigen, gut erzogenen Hund mit, und wenn der auf Ihr Rufen hin angewetzt kommt, wird es ihm Ihr Schützling gleichtun. Beide belohnen!

Vorteil eines Zweithundes: Jüngere Hunde schauen sich viel bei den Artgenossen ab, die über mehr Lebenserfahrung verfügen.

Wie kriege ich hin, dass mein Hund in wirklich jeder Situation auf meine Kommandos hört?

Das wüsste ich auch gerne! Denn selbst viele gut erzogene Hunde hören genau dann nicht mehr, wenn sie einem Umweltreiz wie einem weglaufenden Kaninchen oder einem anderen Hund einfach nicht widerstehen können. Das betrifft nicht nur das Kommando »Hierher!«, also zurück zum Halter kommen, sondern auch »Bleib!« oder »Steh!«, die zu befolgen mitunter ebenso lebensrettend sein kann. Ich kenne, ehrlich gesagt, nur wirklich berufstätige Profi-Hunde, die in jeder Situation zuverlässig die Anweisungen ihrer Besitzer befolgen: Polizeihunde, Spürhunde, ausgesprochen pflichtbewusste Jagdhunde und Therapiehunde. Besonders beeindrucken mich Rettungs- und Trümmersuchhunde. Über eine Rettungshundestaffel des Deutschen Roten Kreuzes habe ich einmal einen Film gedreht und dabei natürlich nach ihrem Erfolgsrezept gefragt: Die Hundeführer schwören bei der Ausbildung ihrer vierbeinigen Partner auf Klicker-Training. Eine Methode, die mit positiver Verstärkung und Belohnung arbeitet, die hier zu erläutern jedoch zu weit führen würde. Darüber gibt es spezielle Fachliteratur sowie vielerorts verschiedene Hundeschulen, die auf diese Weise arbeiten.

Es macht einen sympathischen Eindruck, wenn unter den Hundeschülern die verschiedensten Rassen und Mischungen vertreten sind.

Woran erkenne ich einen guten Hundeplatz?

Wenn ich von einem »netten Hundeverein« spreche, dann meine ich damit einen, der gewaltfrei, mit Kompetenz und Konsequenz nach den neueren Erkenntnissen der Verhaltensforschung und Hundepsychologie arbeitet. Hier soll der Hund als Partner (der natürlich in der Rangordnung unter seinem Menschen steht) betrachtet werden und nicht als willenloser Untertan. Sie erkennen einen guten Hundeplatz daran, dass die Hunde gerne hingehen, mit Spaß bei der Sache und keine Angstbündel sind. Mich persönlich würde auch ein brüllender Kasernenton befremden. Ganz wichtig ist auch, dass nach dem Training ausgelassen mit den Hunden getobt wird und dass sie auch mit ihren Artgenossen und Mitschülern spielen dürfen.

Wie bringt man »Sitz« bei?

Also »Sitz« und »Platz« sollte ein Hund schon können. Ihm dieses beizubringen ist auch wirklich nicht schwer. Schon Welpen setzen sich gerne hin. Sobald ein Hund von sich aus »Sitz« macht, loben Sie ihn und sagen »Sitz«, damit er sich das passende Wort zu dem, was er tut, merkt. Das ist »Zufallslernen«. Es wird durch bewusstes Beibringen ergänzt: Als Erstes müssen Sie sich der ungeteilten Aufmerksamkeit des Hundes vergewissern. Er muss Sie anschauen. Dann sagen Sie zu ihm »Sitz«. Ich hebe dabei immer noch den Zeigefinger hoch. Dann drücken Sie das Hinterteil des Hundes nach unten und flippen völlig aus vor Begeisterung, wenn er nun »Sitz« macht. Es folgen Lob und Leckerchen. Das sitzt.

Ein sehr aufmerksamer Schüler: So sieht »Sitz« aus.

Wie bringt man »Platz« bei?

Erst wenn der Hund »Sitz« macht, gehen wir zum nächsten Schritt und zeigen ihm, was wir von ihm wollen, wenn wir »Platz« sagen. Wenn er vor Ihnen sitzt und Sie aufmerksam anschaut, dann sagen Sie »Platz«. Zur optischen Verstärkung dieses Kommandos drücke ich immer noch die flache Hand nach unten. Dann drücken Sie den Hund sanft auf den Boden und loben wieder begeistert. Hat das Tier noch nicht verstanden, was es machen soll, dann ziehen Sie ihm sanft die Vorderpfoten weg, sodass ihm gar nichts anderes übrig bleibt, als in die Liegeposition zu wechseln. Super! Wilde Begeisterung und ein Leckerchen folgen.

Und so »Platz« – die flache Hand als optisches Zeichen.

Wie bringt man »Bleib« bei?

Das ist schon ein bisschen schwieriger, aber es lohnt sich wirklich, die Zeit und Geduld zu investieren, denn es ist in zahllosen Alltagssituationen eine große Erleichterung, wenn man einen Hund auf Kommando ablegen kann und er dann auch noch an Ort und Stelle verharrt. Um es ihm beizubringen, lassen Sie ihn »Platz« machen, also sich hinlegen, und gehen ein paar Schritte weg, am besten zunächst ohne den Blickkontakt zu verlieren, und sagen dabei »Bleib«, eher so langgezogen: »Bleiiiiijiiiib«. Der Hund wird natürlich erst einmal dennoch sofort aufstehen und Ihnen folgen. Dann führen Sie ihn wieder zurück an die alte Stelle, machen das Ganze noch einmal und gehen vielleicht erst einmal weniger weit weg. Dies ist eine Übung, die mitunter etwas Ausdauer und Geduld verlangt. Denn es ist natürlich ein Grundbedürfnis des Hundes, Ihnen zu folgen. Wenn es gar nicht klappt, dürfen Sie auch einmal ein wenig ungehalten sein und schimpfen, während Sie ihn zum Ausgangspunkt zurückführen. Schritt für Schritt verlängern Sie die Distanz sowie die Dauer, wie lange er liegen bleiben soll, bis endlich Ihr erlösendes »Und komm!« zu hören ist. Dann wird er mit wehenden Ohren angeflogen kommen, soll vor Ihnen »Sitz« machen und wird über den grünen Klee gelobt und geherzt und belohnt. Bald wird das Ihrem Hund großen Spaß machen, und Sie sollten die Übung bei jedem Spaziergang wiederholen. Das Anfangstraining lässt sich dagegen natürlich am besten in einem eingezäunten Bereich absolvieren. Sollte dies nicht möglich sein und die Gefahr bestehen, dass der Schüler ausbüchst, empfiehlt sich wieder die Schleppleine.

»Bleib!« ist schon ein bisschen schwieriger, weil viele Hunde Hummeln unterm Hintern haben, wenn sich ihr Mensch von ihnen entfernt.

Wie kriege ich einen Hund dazu, sich abzulegen?

Nur durch hartnäckiges Üben und großzügiges Belohnen. Wenn ein Hund das Kommando »Bleib« zuverlässig beherrscht, dann können Sie ihn als nächsten Schritt ablegen. Dazu müssen Sie die Entfernungen und die Dauer des Liegenbleibens peu à peu verlängern. Einen fortgeschrittenen Profi können Sie dann später sogar leinenlos vor einem Laden ablegen, was wirklich oft eine große Erleichterung ist. Oder vor einer Kirche, die Sie während einer Urlaubsreise besichtigen. Ich würde dies aber nur tun, wenn nicht zu befürchten ist, dass der brave Hund dabei von Passanten gestört oder anderen Hunden abgelenkt wird.

Wie trainiere ich Leinenführigkeit?

Eine weitverbreitete lästige Hunde-Unart ist es, an der Leine zu ziehen, sobald sie vor die Haustüre kommen. Vor allem bei großen, kräftigen Kerlen macht das einen kurzen Gassi- wie einen längeren Spaziergang zum unfreiwilligen Fitnesstraining, das vielen den Spaß an der gemeinsamen Unternehmung vergrault. Investieren Sie darum die Zeit, Ihrem Hund das Zerren an der Leine abzugewöhnen. Selbst wenn Sie damit leben können, werden Sie kaum jemanden finden, der ihn einmal in Pflege nimmt, wenn er dabei Gefahr läuft, sich beim Ausführen den Arm auszukugeln.
Beim Leinentraining werden die häufigsten Fehler gemacht, denn die Hundeführer neigen

Es ist sooooooooooo angenehm, wenn ein Hund brav an einer durchhängenden (!) Leine »bei Fuß« läuft.

instinktiv dazu, einen ziehenden Hund einfach immer wieder zurückzureißen. Aber das zerrt nicht nur an der Leine, sondern auch an den Nerven – und hilft kaum etwas. Im Gegenteil: Mancher Hund denkt, er muss sich jetzt umso heftiger ins Zeug legen.
Wie macht man es aber richtig? Wieder hilft ein Leckerchen. Das halten Sie dem Hund hin, während er neben Ihnen läuft. Und ab und zu kriegt er es natürlich auch. So versichern Sie sich seiner Aufmerksamkeit und Kooperation. Nun wechseln Sie häufig die Richtung, auch

abrupt, damit der Hund lernt, dass er sich immer nach Ihnen zu richten hat. Vor allem wechseln Sie die Richtung immer genau dann, wenn er zu ziehen anfängt. So merkt er, dass er mit Ziehen nicht zum Ziel kommt. Bei besonders ziehfreudigen Hunden sollten Sie darauf bestehen, dass der Hund nicht vor Ihnen läuft, sondern bestenfalls auf Kniehöhe an Ihrer Seite bleibt.

Wie gewöhne ich einem Hund das lästige Anspringen ab?

Hundetrainer behaupten ja, das sei das Allereinfachste. Man dreht sich einfach weg, ignoriert den Hüpfer und zieht, wenn das nicht reicht (es reicht ganz bestimmt nicht!), das Knie hoch. Und schon kann er einen gar nicht mehr anspringen, wird dies einsehen und aufgeben. Toll. So einfach ist das. Das, liebe Leser, ist wieder so ein Beispiel für einen Erziehungstipp aus der Theorie: Er liest sich so leicht und klingt so logisch. Und umso dämlicher kommt man sich vor, wenn es bei einem selbst nicht funktioniert. Aber, keine Sorge, es gibt bestimmt auch ganz viele Hunde, bei denen das durchaus ganz wunderbar klappt.

Wie sind unterschiedliche Wesen und Temperamente zu berücksichtigen?

Eigentlich überflüssig zu erwähnen, aber sicherheitshalber möchte ich dieses Kapitel doch mit dem Hinweis abschließen, dass die

Leider ist es uns bei Anna bisher nicht gelungen, ihr das Anspringen abzugewöhnen.

Strenge, mit der Sie bei der Erziehung vorgehen, vom jeweiligen Charakter des Tieres abhängig ist: Also bei einer wilden Hummel, wie meiner nahezu »erziehungsresistenten« Anna, die sich auch von einem scharfen Ton in der Stimme sehr unbeeindruckt zeigt, oder bei einem sehr selbstbewussten Hund, der sich vielleicht sogar gerade in dem Rüpelalter rund um ein Jahr befindet und ausprobieren will, wie weit er gehen kann, muss man natür-

Anna, die Springerin

Bei meiner Anna klappt es nicht. Anna ist eine muntere Frohnatur, die sich aus nichts etwas macht. Wenn sie nicht gerade schläft, freut sie sich über alles. Den ganzen Tag über wedelt sie ununterbrochen mit dem Schwanz. Und wenn sie sich über einen Menschen freut, springt sie ihn an, immer wieder und voller Begeisterung. Ich glaube auch zu wissen, warum sie sich das so angewöhnt hat. Wir haben sie ausgesetzt, aber guter Laune an einem sardischen Strand gefunden. Eigentlich hat sie uns gefunden, kam fröhlich auf uns zu gerannt, schubste meinen Mann und meine Tochter, die im Sand lagen, leckte ihnen das Gesicht ab und legte sich dann zu uns.

Sie ist der klassische Fall: Als Welpe zu früh von der Mutter weggenommen, Kindern als Spielzeug geschenkt, verwöhnt und nicht in die Schranken gewiesen, Anspringen durch Aufmerksamkeit belohnt und als Verhalten bestätigt, schließlich immer größer und grober geworden, den Kindern irgendwann einmal wehgetan, und das war's dann mit dem Zuhause. Sobald es bei den Kindern Tränen gibt, fliegt der Hund raus! Danach hat sie sich mit Betteln durchgeschlagen, wobei sich bei manchen tierfreundlichen Menschen das Anspringen wohl auch als eher hilfreich erwies. Aber es ist ja überhaupt kein Problem, das einem Hund wieder abzugewöhnen – steht in jedem Hundeerziehungsbuch. Ich war einmal – gemeinsam mit Anna, die auch sehr niedlich sein kann – Gast bei einem Fernsehquiz. Alle Kandidaten hatten etwas mit Hunden zu tun. Einer war ein in NRW bekannter Hundetrainer. Nach der Aufzeichnung gab es ein geselliges Beisammensein, und ich nutzte die Gelegenheit, den Experten um einen Tipp zu bitten, wie man Anna das wirklich lästige Anspringen abgewöhnen kann.

Sie springt übrigens auch ganz fremde Menschen gerne an. Sollten diese uns während eines Spazierganges entgegenkommen, stehen bleiben und z. B. sagen: »Ach, was ist das denn für ein putziger Hund?«, dann springt der putzige Hund sie sofort an, auch bei Matschwetter und auch, wenn sie einen cremefarbenen Trenchcoat tragen. Dann sage ich »Ach Gott, Entschuldigung, das habe ich ihr noch nicht abgewöhnen können. Wir haben sie erst seit Kurzem.« Aber das kann ich natürlich nicht drei Jahre lang immer auf der gleichen Gassi-Runde sagen. Immerhin habe ich nie das berühmt-berüchtigte »Das hat sie ja noch nie gemacht!« gesagt.

»Kein Problem«, sagte der Hundetrainer lässig und nahm Anna mit nach draußen zum Üben. Nach über einer Stunde kamen die beiden wieder zurück. Er wirkte etwas matt. Anna sprang fröhlich an ihm hoch. Und an mir – zur Begrüßung. Und an der Frau neben mir – auch zur Begrüßung. Auch die Aufnahmeleiterin hatte sie ja nun schon länger nicht mehr gesehen und deshalb musste sie besonders tüchtig angesprungen und begrüßt werden. Fragend blickte ich auf den Hundetrainer. Er zuckte mit den Schultern und meinte: »Ja, ist das denn so schlimm, wenn sie ein bisschen hochspringt? Sie ist doch niedlich. Und jeder sieht ihr sofort an, dass sie freundlich ist und nichts tut.« Schön, es lag also nicht an mir alleine.

Mit solchen Mitteln lernt ein Hund, sich an die verschiedensten Umweltreize zu gewöhnen und nicht gleich bei allem Unbekannten in Panik zu geraten.

(aus Selinunt) reichte es, einmal eine kleine Nuance lauter zu werden, um sie völlig zu verschrecken und einzuschüchtern. Als ich zu Beginn unseres Zusammenlebens einmal ganz streng »Basta!« zu ihr sagte, weil ich dachte, dass sie das als Italienerin gut verstehe, ist sie mit weit aufgerissenen Augen vor Schreck erstarrt. Das tat mir ganz furchtbar leid.

Männer durften anfangs in ihrer Anwesenheit bestenfalls säuseln. Keinesfalls konnte man mit einem Stock oder Besen in der Hand auf sie zugehen. Da Selina aber auch extrem klug war und so gut wie nie etwas falsch machte, musste man sie sowieso kaum erziehen und schon gar nicht schimpfen. Es war ein großes Glück für meine ganze Familie, dass wir fast 14 Jahre lang mit ihr leben durften – und eine umso größere Umstellung, danach an einen so unsensiblen Kracher wie Anna zu geraten, die ein donnerndes »Basta!« fröhlich als Ermunterung zum Spiel auffasst.

Ich erwähne dies, weil die Tierschützer so oft speziell Menschen mit Hundeerfahrung suchen, ohne zu hinterfragen, *welche* Erfahrungen sie mir ihren Tieren gemacht haben.

Hilft Hundeerfahrung?

Hundeerfahrung ist natürlich eine große Erleichterung, z. B., weil man schon weiß, wie man die klassischen Kommandos (s. o.) beibringt oder was passieren kann, wenn nicht alle Hunde friedlich sind, die man beim Spaziergang trifft. Aber sie hilft nicht immer: Mitunter leidet ein sehr erfahrener Hundehalter

lich strenger vorgehen und auch einmal etwas kräftiger schimpfen als bei einem ängstlichen Kerlchen, das mit eingekniffenem Schwanz dasteht.

Bei meiner sehr empfindsamen, aber auch sehr klugen sizilianischen Fundhündin Selina

viel mehr unter einem anstrengenden oder schwierigen Hund, weil er jahre- oder gar jahrzehntelang anderes gewöhnt war. Hundeerfahrene Menschen sind manchmal bequem geworden. Oft wurde ihr Hund erfreulich alt, sodass sie nun einige Jahre lang einen gemütlichen Senior neben sich hertraben hatten. Dann wissen sie vielleicht gar nicht mehr, wie sich der Alltag mit einem temperamentvollen Junghund gestaltet – nämlich ganz anders! Ich kenne mehrere Fälle, in denen Tierfreunde, die ihr Leben lang Hunde hatten, wobei die sich allerdings immer sehr brav und wohlerzogen verhielten, völlig fassungslos und überfordert waren, wenn der neue Hund z. B. ständig weglief.

Zudem glauben hundeerfahrene Halter oft bereits zu wissen, wie man einen Hund erzieht, und wollen nicht unbedingt Neues lernen oder mit ihrem Neuen noch einmal zur Hundeschule gehen. Anfänger dagegen sind sich ihrer Defizite bewusst und meist eher bereit, etwas dagegen zu unternehmen. Sie wollen alles richtig machen und planen einen entsprechenden Zeit- und Arbeitsaufwand ein. Sie decken sich mit Fachliteratur ein, werden Mitglied im Hundeverein und holen sich kompetenten Rat.

Nach spannendem Training und ausgiebigem Toben machen selbst Temperamentsbolzen auch mal eine Pause.

Wie klappt es zwischen Hund und Kind?

Schwangerschaft und Kinder sind erstaunlich häufige Gründe, sich von einem vierbeinigen Gefährten zu trennen, oft sogar nach vielen gemeinsamen Jahren. Dabei gibt es wirklich nur ganz wenige Gründe, die solch eine folgenschwere Maßnahme notwendig machen. Mitunter werden die Tiere sogar rein prophylaktisch abgegeben, obwohl sie nie eine Abneigung oder gar Aggression gegenüber Kindern gezeigt haben. Vor allem unerfahrene Eltern sorgen sich oft in völlig übertriebener Weise, wenn ein Baby unterwegs oder gerade angekommen ist. Ein Hund *könnte* ja vielleicht einmal schnappen oder beißen. Oder er *könnte* dem Neugeborenen übers Gesicht lecken und gar eine Krankheit übertragen. Hygienehysterie ist ein weitverbreitetes Phänomen und wird häufig noch von zahlreichen ungebetenen Ratschlägen angeblich wohlmeinender Verwandter und Freunde geschürt. Hören Sie nicht auf sie. Lassen Sie sich nichts einreden. Natürlich will jeder für sein Kind nur das Allerbeste und kein Risiko eingehen, aber da passt ein Hund normalerweise ganz wunderbar dazu.

War der Hund nur Kindersatz?

Wenn werdende oder frischgebackene Eltern einen mitunter sogar bereits betagten Hund abgeben wollen, obwohl er mit Kindern keine Probleme hat, dann ist meistens etwas anderes dafür verantwortlich. Der Hund ist überflüssig geworden. Manchmal wird das sogar recht offen zugegeben: »Wir erwarten jetzt ein Baby, und da haben wir keine Zeit mehr für den Hund.« Oder: »Jetzt mit dem Kind, da wurde uns das mit dem Hund dann einfach zu viel.« Da kann man nur hoffen, dass diese so schnell überforderten Eltern kein zweites Kind bekommen werden, denn dann müssten sie ja das erste wieder abgeben...

Echte Freunde: Für fast jedes Kind ist es unglaublich schön, einen Hund zu haben.

Kinder mit Hund haben einen guten Grund, mehr Zeit in der freien Natur als vor Fernseher und Computer zu verbringen.

Warum tut ein Hund Kindern gut?

Wenn ein Hund wegen einer Schwangerschaft oder eines Kindes abgegeben wird, dann ist das nicht nur für das Tier sehr grausam, sondern auch für das Kind bedauerlich, wird es doch vorerst nicht das Glück haben, mit einem Hund aufwachsen zu dürfen. Pädagogen, Psychologen und Psychotherapeuten bestätigen immer wieder, dass Haustiere Kindern guttun. Kinder *mit* Tieren sind selbstbewusster, gesünder, sozialer und weniger gewaltbereit als Kinder *ohne*. Bei Großstadtkindern ist der Unterschied noch auffälliger. Und von allen Haustieren, die in Frage kommen, ist der Hund mit großem Abstand das geeignetste. Gefolgt von der Katze. Und danach kommt eine ganze Weile nichts!

Warum eignet sich vor allem ein Hund als Kinderkumpel?

Hund und Katze sind deshalb geeigneter als beispielsweise Klein- und Nagetiere, die in Käfigen oder Volieren leben, weil sie selbstständig und souverän sind und sich bei Bedarf zurückziehen können. Sie laufen weg, wenn sie ihre Ruhe haben möchten und ihnen die Kinder vielleicht einmal zu viel werden. Sie können aber auch das Gegenteil machen, nämlich ihren kleinen Menschen begleiten. Im Unterschied zu Käfigtieren haben sie die Freiheit, dies immer wieder aufs Neue zu entscheiden. Das ist ein großes Kompliment und Erfolgserlebnis für die Kinder. Außerdem sind Hunde (und Katzen) wehrhaft und müssen sich nicht alles gefallen lassen, was eine gute Lehre für die Kinder ist. So lernt ein Kind, sich so zu verhalten, dass ein Tier gerne in seiner Nähe ist – und auch bleibt. Es übt sich darin, sensibel und rücksichtsvoll zu sein, oder auch schlichtweg leise, denn es will ja – normalerweise – nicht, dass ein Hund immer nur das Weite sucht, sobald es auftaucht. Kein Wunder also, dass Kinder mit Hunden und anderen Haustieren in der Entwicklung all dieser guten Eigenschaften häufig weiter sind als ihre Altersgenossen ohne (eigene) Tiere. Gegenüber Katzen haben Hunde noch den großen Vorteil, dass sie ein Kind auch außerhalb von Wohnung, Hof oder Garten begleiten können, also mit zu Freunden oder in den Park, zum Baggersee, Bolzplatz oder vielleicht sogar zur Waldjugend dürfen. Er kann auch bei Schnitzeljagd und Rallye am Kindergeburtstag mitmachen und die kleinen Gäste motivieren. Mit einem Hund wird es niemals langweilig. Machen Sie als Eltern deshalb nicht den Fehler und versuchen ein Kind, das sich sehnlichst einen Hund wünscht, mit einem Hamster oder anderen Kleintieren abzuspeisen, an denen es erfahrungsgemäß doch relativ schnell das Interesse verliert. Wenn mein gerade siebenjähriger Sohn morgens ein wenig muffelig, weil noch nicht ganz wach, die Treppen herunterkommt und von der dauerfröhlichen Anna stürmisch begrüßt wird, dann ist er schnell munter und gleichfalls gut gelaunt. Aber auch für Teenager ist ein Hund ganz prima: In der 8. Klasse meiner Tochter haben so viele Familien Hunde, dass bei gemeinsamen Wochenendwanderungen von Eltern und Kindern um die zehn Vier-

beiner mitlaufen und herumtoben. Und einige Mädchen haben sich gleich zum gemeinsamen Agilitykurs verabredet. Hatte ich schon erwähnt, dass Kinder *mit* Hunden auch kontaktfreudiger und kommunikativer sind?

Gibt es kinderfreundliche Hunderassen?

Das ist eine Frage, die mir sehr häufig gestellt wird und die ich nur mit langen Zähnen beantworten kann. Denn so einfach ist es leider nicht mit den Rassen und deren typischen Eigenschaften. Die gibt es natürlich, aber es gibt eben immer auch Ausnahmen. Gemeinhin werden beispielsweise Boxer und Labradore

Kinder mit Hund sind seltener einsam – nicht nur, weil sie einen Tier haben. Auch für ihre Klassenkameraden sind sie interessant und motivieren zur gemeinsamen Freizeitgestaltung.

als kinderfreundlich bezeichnet, genau wie viele Jagdhunde. Das ist sicherlich auch meistens der Fall, aber eben nicht immer. Denn – wie gesagt – jeder Hund ist ein Individuum. Gerade größere Hunde sind oft viel besser für Kinder geeignet als kleine, weil sie souveräner sind und schon aufgrund ihrer Größe deutlich weniger schreckhaft. Und genau die Situationen, in denen ein Hund sich erschreckt oder ein unsicheres Tier sich in die Enge gedrängt fühlt und Angst bekommt, sind die, in denen ein Hund auch einmal schnappt oder zubeißt. Das muss dann gar nicht einmal böse Absicht, sondern kann ein einfacher Reflex oder eine Panikreaktion sein. Große und schwere Hunde

Es ist schön, wenn die Kinder das neue Familienmitglied mit aussuchen dürfen, wie hier im Tierheim von Bad Soden am Taunus.

haben natürlich den Nachteil, dass sie beim gemeinsamen Spiel eher einmal ein Kind umschmeißen als ein kleiner Artgenosse. Ich habe jedoch gerade bei großen Hunden häufig beobachtet, dass sie – um ihre Stärke wissend – besonders vorsichtig mit Kindern umgehen.

Wie sucht man einen Hund für Kinder aus?

Bei der Auswahl würde ich weniger auf Aussehen und Rasse (oder die Mischung der beteiligten Rassen) achten, sondern vielmehr auf die jeweiligen Charaktereigenschaften und Erfahrungen, die ein Hund gemacht hat. Am besten fahren Sie, wenn Sie sich von den Tierschützern in einem Tierheim oder auf einer Pflegestelle beraten lassen, denn die kennen ihre Pappenheimer am besten und wissen fast immer, wer kinderfreundlich ist und wer nicht.

Wenn Sie keinen großen Hund möchten, dann würde ich den mittelgroßen Mischling empfehlen. Natürlich gibt es auch ganz kleine selbstbewusste Kerlchen, die gerne mit Kindern spielen und toben. Ob das so ist, wissen – wie gesagt – deren Betreuer. Für die Kinder ist es ein unvergessliches Erlebnis, und auch sonst spricht einiges dafür, wenn sie bei der Suche und Auswahl des Hundes mit dabei sind. Sie können dann gleich sehen, wie Kind und Hund aufeinander reagieren. Die Entscheidung sollten jedoch die Eltern aufgrund der in Kapitel 1 genannten Kriterien treffen.

Welche Rolle spielt das Alter?

Natürlich sind jüngere Hunde, im Prinzip ja
so etwas wie »gleichaltrig«, in der Regel die
geeigneteren Partner für Kinder als ältere
Tiere, die vielleicht schon etwas ruhebedürf-
tig sind. Aber es gibt auch alte Hunde, die
ganz verrückt nach Kindern sind. Wenn Ihr
Hund bereits vor dem Kind in der Familie war,
entsprechend betagt ist und vielleicht sogar
bisher kaum Erfahrungen mit Kindern sammeln
konnte, muss das auch kein Problem sein.
Dann müssen Sie halt darauf achten, dass
der Hund seine Rückzugs- und Ruhemöglich-
keiten hat, weiterhin ein bisschen verwöhnt
und betüddelt wird ist. In diesem Fall muss
also eher der Hund vor dem Baby beschützt
werden als umgekehrt. Solange das Neuge-
borene noch nicht viel mehr kann als in der
Wiege, im Kinderwagen oder an der Mutter-
brust liegen, ist das auch kein Problem.
Die heikelste und sowieso anstrengendste
Zeit ist die, wenn das Baby zu krabbeln anfängt und dabei den Hund nervt. Da müssen
die Erwachsenen immer aufpassen, vor allem,
dass das Kind nicht dem Hund in die Augen
greift oder ihn am Fell zieht. Ältere Hunde
haben oft auch Beschwerden und Schmerzen,
beispielsweise Arthrose, HD oder Spondy-
lose, sodass es ihnen wirklich wehtut, wenn
ein Kind auf sie fällt. Zudem sehen und hören
sie häufig nicht mehr richtig und erschrecken
bei unerwarteter Berührung. In all diesen
Fällen kann es natürlich sein, dass Hunde
einmal schnappen.
Aber gerade einen alten Hund sollten Sie
keinesfalls wegen Familienzuwachs abgeben,

Kindergeburtstag mit Hund

Als mein Sohn seinen sechsten Geburtstag mit vielen gleichaltrigen Freunden
feierte, standen unsere drei Hunde natürlich im Mittelpunkt des Interesses. Die
alte Galgo-Jagdhündin Fania war bereits
zu gebrechlich, um ihr den Tumult noch
zuzumuten. Sie kam in ein anderes Zimmer, in dem sie Ruhe hatte. Spontan fanden alle Kinder an der kleinen, niedlichen
Anna Gefallen. Der stattliche Schäferhund
Matteo dagegen war ihnen zunächst nicht
ganz geheuer. Das sollte sich schnell um-
kehren. Schon bald nämlich machte ihnen
die unsensible, wilde Anna, die dauernd
an allen hochspringen wollte, eher etwas
Angst, während Charmeur Matteo, der
brav vor den Kindern »Sitz« machte und
unaufgefordert allen ständig die Pfote
gab, ihre Herzen nur so dahinschmelzen
ließ. Nach der obligatorischen Rallye,
bei der Anna und Matteo in getrennten
Gruppen mitliefen, verkündete der kleine
Leon, der bis zu diesem Tag eigentlich
schreckliche Angst vor Hunden hatte:
»Ich hab' den Matteo auch zu meinem
Geburtstag eingeladen!«

das wäre richtig mies, würde doch ein Senior,
der vielleicht sein ganzes Leben bei Ihnen
verbringen durfte, nicht nur extrem unter der
Trennung leiden, sondern hätte auch kaum
Chancen, noch einmal erfolgreich vermittelt
zu werden. Dazu kommt die realistische Einschätzung, dass sich das Problem, wenn es
überhaupt eines ist, innerhalb der nächsten

zialisierte Welpen sind grundsätzlich kinderfreundlich; sie können ja noch keine schlechten Erfahrungen gemacht haben. Sorgen Sie dafür, dass es auch so bleibt! Gerade Hundebabys sind groben Kinderhänden hilflos ausgeliefert und können sich nicht wehren. Wenn Kinder jedoch liebevoll mit den Kleinen umgehen und – bitte – auch darauf achten, dass dies ihre Freunde genauso machen, wenn sie sich viel mit dem Welpen beschäftigen, toben, raufen, spielen und schmusen, dann werden sie viel Spaß miteinander haben.

Doch, liebe Eltern, bedenken Sie bitte, dass ein Welpe zunächst einmal viel mehr Arbeit macht und erzogen werden muss. Fragen Sie sich ehrlich, ob Sie das – vielleicht gleichzeitig mit der Beaufsichtigung eines Kleinkindes – auch wirklich schaffen. Denn dann müssen Sie neben vollen Windeln womöglich auch noch das Häufchen vom Teppich entsorgen (vgl. »Was spricht für/gegen einen Welpen?«, Seite 25–27).

Wie gewöhnt man den Hund ans Baby?

Also wenn der Hund die älteren Rechte hat und schon vor dem Baby da war, dann gibt es ein paar klassische Tipps und Tricks. Genießen Sie die Zeit der Schwangerschaft und des Mutterschutzes, bevor das Kind da ist, gemeinsam mit Ihrem Hund. Noch haben Sie Zeit dazu. Schließen Sie den Hund auch von den Vorbereitungen nicht aus. Lassen Sie ihn zugucken, wenn Sie die Strampler sortieren und das Kinderzimmer einrichten. Ist das

Zeit für Zärtlichkeit: Auch viele jüngere Kinder können schon sehr gut mit Haustieren umgehen.

Jahre von alleine lösen wird, weil die Lebenserwartung eines alten Hund überschaubar ist. Mit einem Welpen sind Sie natürlich auf der sichersten Seite. Normal entwickelte und so-

Baby dann da, bringt Herrchen die eine oder
andere Windel aus dem Krankenhaus mit,
damit der Hund das neue Familienmitglied
schon einmal riechen kann. Das ist für ihn
fast so, wie wenn das Baby ihm einen Brief
schreiben würde.

Wenn Sie mit dem Säugling nach Hause kommen, zeigen Sie ihn ihm gleich, aber richtig.
Also nicht immer gerade so hinhalten, dass er
nicht richtig drankommt und riechen kann,
damit erreichen Sie nur das Gegenteil einer
entspannten Situation, und das geheimnis-
volle Bündel kommt ihm merkwürdig vor.

Wenn Sie Ihren Hund gut genug kennen, ihm
vertrauen und sicher sein können, dass er das
Baby nicht mit Beute verwechselt, dann legen
sie es ihm zu Pfoten auf den Boden. Lassen
Sie ihn ruhig einmal daran schnuppern. Sie
können es ja gleich wieder waschen. Dieses
Ritual hat den tieferen Sinn, dass der Hund
das Kind an- und als neues Rudelmitglied
aufnimmt. Im Idealfall entwickelt er dadurch
sogar einen Schutzinstinkt.

Ganz wichtig ist es, den Hund jetzt trotz
Stress und schlafloser Nächte und Umstellung Ihres ganzen Alltages nicht zu vernach-
lässigen. Schließen Sie ihn nicht aus. Lassen
Sie ihm beim Stillen zu Ihren Füßen sitzen.
Über die vielen Spaziergänge, die jetzt mit
Kinderwagen oder Tragetuch anstehen, denn
das Kind muss ja an die frische Luft, wird er
sich sowieso freuen. Eigentlich ist die Situation ganz einfach mit der eines älteren Ge-
schwisterchens zu vergleichen. Das beziehen
Sie ja auch in möglichst alles ein, was mit
dem Neuzugang zu tun hat, und geben sich
alle Mühe, dass es nicht eifersüchtig wird. Bei

Keine Angst vor großen Tieren: Aber wenn die
Kinder noch so klein und die Hunde so groß sind,
sollte sicherheitshalber immer jemand in der
Nähe sein.

Schon die Kleinsten können viel Spaß miteinander
haben und werden oft Freunde fürs Leben.

den meisten Hunden muss man sich da aber gar nicht verrückt machen. Die werden, wenn Sie ein paar Dinge beachten, gut mit der neuen Situation klarkommen.

Ein Vorteil von kleinen Hunden: Die kann man auch mal auf den Arm nehmen – aber bitte richtig, so wie dieses Mädchen es macht.

Wie gewöhnt man ein Kind an einen Hund?

Zumindest bei den Kindern ab Grundschulalter wird es ja so sein, dass sie sich den Hund, der nun einzieht, dringend gewünscht haben. Sie müssen jetzt nur lernen, dass ein Hund eine eigenständige Persönlichkeit ist, ein lebendiges Wesen mit eigenen Wünschen und Bedürfnissen und kein (Kinder-)Spielzeug, mit dem man machen kann, was man will. Sollte der Hundewunsch mehr von den Eltern ausgehen, vielleicht, weil das Kind noch zu klein ist, dann ist es wichtig, das Kind sensibel an den vierbeinigen Familienzuwachs heranzuführen, denn mitunter können auch Kinder auf Tiere mit Eifersucht reagieren. Auch hier ist die Situation vergleichbar mit der, wenn ein Geschwisterchen kommt und das Kind mit den älteren Rechten lernen muss, dass es nicht alleine auf der Welt ist – schadet nicht, vor allem bei Einzelkindern!

Was wird am häufigsten falsch gemacht?

Es ist absolut falsch, wenn Eltern tolerieren, dass Kinder Tiere ärgern oder gar misshandeln. Das ist nicht nur dem Hund gegenüber unfair und gemein; sie tun auch dem Kind keinen Gefallen, denn wer die Erfahrung macht, dass er folgenlos ein Tier quälen darf, wird sich später auch in Kindergarten und Schule entsprechend benehmen und unbeliebt machen. Ganz problematisch ist, wenn Eltern entsprechendes Fehlverhalten ihrer

Kinder ständig herunterspielen oder entschuldigen. »Er ist ja noch so klein«, heißt es dann, oder: »Er kann das ja noch nicht wissen …« Ja, wenn das so ist, dann erklären Sie es ihm doch!

Unterschätzen Sie Kinder nicht. Auch die Kleinsten können Hunde (und Katzen) schon so kraulen, dass diese das genießen und gerne die Nähe des kleinen Menschen suchen. Und so, wie Sie ja auch einem Kleinkind schon sagen, dass es nicht alles in den Mund oder die Finger in die Steckdose stecken dürfe, so können sie ihm auch schon erklären, dass es einen Hund nicht an den Ohren ziehen oder ihm den Duplo-Stein in die Augen bohren darf. Manche werden es schnell kapieren, andere werden länger brauchen. Da ist es mit der Kindererziehung nicht anders als mit der Hundeerziehung: Die Verantwortlichen brauchen Geduld und gute Nerven.

Wie intensiv Sie eingreifen müssen, hängt natürlich auch wieder vom Wesen des Hundes ab. Es gibt unempfindliche, unerschrockene Naturen, die auch einmal wegstecken, wenn ihnen ein Kind über die Pfoten stolpert. Wie gesagt, meist sind das die großen Hunde. Die eignen sich übrigens aus Sicht vieler ca. Einjähriger auch gut als Lauflernhilfe. Das kann sehr praktisch sein; aber bitte, liebe Eltern, achten Sie darauf, dass sich auch der Hund dabei wohlfühlt. Und natürlich gibt es unter unseren Hunden empfindliche Mimosen, die gleich alles krummnehmen. In diesen Fällen muss groben oder aufdringlichen Kindern entsprechend früher Einhalt geboten werden. Und das ist auch für die Kinder eine gute Übung.

Wie äußert sich ein Hund?

Ein weiterer häufiger Fehler von Eltern ist, dass sie die Sprache der Hunde missverstehen. Mitunter spielen Hund und Kind gerade ganz wunderbar miteinander, toben jedoch so wild und laut, dass die Erwachsenen Angst bekommen und dazwischengehen. Viele verwechseln auch spielerisches mit ernsthaften Beißen. Beobachten Sie doch einmal, wie Hunde untereinander raufen und toben: Sie haben ständig das Maul offen und umfassen damit Körperteile des Spielkameraden. Dabei knurren sie vor sich hin, aber es ist so ein ganz spezielles zufriedenes Knurren. Für ungeübte Ohren klingt es aber mitunter besorgniserregend.

Natürlich muss auch ein Hund lernen, dass er beim Spielen nicht zu grob werden darf, dass wir Menschen eben kein Fell haben, das uns vor seinen Zähnen schützt, und er gefälligst etwas vorsichtiger zu sein hat. Das zeigen Sie ihm am besten, wenn er mit Ihnen tobt. Wird er zu grob, weisen Sie ihn scharf zurecht und brechen das Spiel ab. Das wird er sich merken.

Wie spielt und rauft ein Hund?

Verwechseln Sie bitte nicht spielerisches Raufen mit ernstem Kampf oder Angriff. Ein Hund hat keine Hände wie wir. Natürlich setzt er beim Toben und Fangen-Spielen seine Zähne ein, meistens aber wirklich vorsichtig. So wird ein weglaufendes Kind gerne am Ärmel oder Hosenbein festgehalten. Wie soll

Nicht nur Fußball können Kinder und Hunde hervorragend gemeinsam spielen. Und bei den Hunden gibt es auch kein Handspiel!

er es denn sonst festhalten? Das ist aber kein Beißen, ja nicht einmal Schnappen! Besonders schrecklich finde ich es, wenn so ein Missverständnis zum Abgabegrund wird. »Der Hund hat das Kind gebissen!«, heißt es dann, wenn er ins Tierheim gebracht wird, obwohl er vielleicht nichts lieber mag als Kinder. Dann kann man nur hoffen, dass die Tierschützer diese Aussage der Vorbesitzer nicht einfach so weitergeben, sondern sich auf ihre eigenen Beobachtungen verlassen.

Was darf ein Kind nicht?

Keinesfalls darf ein Kind einen Hund beim Fressen stören oder ihm einen Knochen strei-
tig machen! Auch ein Spielzeug kann man nicht in jeder Situation wegnehmen, sondern nur, wenn klar ist, dass der Hund das jetzt will. Das zeigt er zum Beispiel, indem er sein Spielzeug oder einen Ball erwartungsvoll vor dem Mitspieler hinlegt.

Ein Kind darf auch nicht an einem Hund herumzerren. Ich kann gar nicht tatenlos zusehen, wenn ich ein Kind mit einem kleinen Hund an der Leine beobachte, wobei das Kind das arme Tier gnadenlos hinter sich herzieht, ohne es auch nur irgendwo schnuppern oder pinkeln zu lassen. Erwachsene dürfen einem Kind nur dann einen Hund samt Leine anvertrauen, wenn sie sicher sein können, dass das Kind auch die nötige Reife und Einsicht hat, ihn verantwortungsvoll zu führen. Kleine

Kinder dürfen ohne Begleitperson gar keinen Hund ausführen.

Eigentlich eine Selbstverständlichkeit, aber ich wiederhole es sicherheitshalber noch einmal: Kinder dürfen einen Hund nicht ärgern oder quälen. Kleine Kinder wissen es nicht besser und wollen vielleicht einfach nur ausprobieren, was passiert, wenn sie dem Hund an den Ohren ziehen. Und das ist noch ein sehr harmloses Beispiel…. Hier sind – ganz klar – Aufsichtspflicht und Eingreifen der Erwachsenen gefragt. Und wenn ein älteres Kind, das es besser wissen muss, dies tut, so ist das durchaus ein Alarmzeichen und keinesfalls normal. Viele kriminelle Karrieren und Gewalttäter haben mit Tierquälerei begonnen.

Was tun, wenn das Kind dem Hund wehtut?

Je nachdem, wie es passiert ist, ob aus Versehen oder mit Absicht, ob erstmals oder zum wiederholten Male, machen Sie Ihrem Kind deutlich, dass es das nicht tun darf. Eigentlich ist es wieder einmal so wie mit Geschwistern. Da greifen Sie auch ein, wenn es ein Problem gibt, und schlichten. Wenn mein Sohn beispielsweise versehentlich Matteo auf die Pfoten tritt, dann habe ich ihm beigebracht, sich danach sozusagen zu entschuldigen, indem er den Hund herzt und tätschelt und evtl. noch mit einem Scheibchen Wurst den Fauxpas wiedergutmacht.

Nicht jeder Hund trägt es mit Fassung, wenn ihn jemand an den Ohren zieht. Oft zeigen gerade die größeren Hunde auch die größere Gelassenheit.

Wenn Kinder und Hunde miteinander toben und spielen, kann es schon einmal einen Kratzer geben. Doch das passiert ja auch, wenn Kinder untereinander raufen.

Was tun, wenn der Hund das Kind verletzt?

Auch hier muss unterschieden werden zwischen einem Versehen und einem wirklich aggressiven Angriff. Im Eifer des Spiels kann es natürlich schon einmal passieren, dass ein Hund einem Kind wehtut. Dass ist auch der Grund, weshalb viele Tierschützer nicht gerne an Familien mit kleineren Kindern vermitteln, selbst wenn es sich um zuverlässig kinderfreundliche Kandidaten handelt. Denn es passiert einfach immer wieder, dass besorgte Eltern ein Tier wieder zurückbringen, weil

der Hund das Kind umgeschmissen oder im Spiel gekratzt hat.

So etwas kann einmal passieren, ist aber noch kein Grund, sich von einem Tier zu trennen. Trösten Sie das weinende Kind, erklären Sie ihm, wie es dazu kam und dass der Hund das nicht mit Absicht getan hat. Bei kleineren Kindern würde ich auch noch so etwas wie »Schau, es tut ihm leid, er will sich entschuldigen« sagen, nachdem ich den Hund zuvor hergerufen habe und z. B. »Sitz« machen ließ. Da mein Matteo dann ja immer sofort eifrig mit der Pfote schubst, wirkt das auch sehr glaubwürdig. Auch hier unterstützt es den

Friedensschluss, wenn das Kind dem Übeltäter dann noch ein Leckerchen spendieren darf.

Wann geht es wirklich nicht?

Es kann durchaus einmal passieren, dass ein Hund richtig zupackt, zum Beispiel, wenn er sich erschrocken hat. Vielleicht ist jemand über ihn gestolpert, als er fest schlief, und er hat dabei vor Schreck ein Familienmitglied gebissen. Wenn dies ein einmaliger Vorfall war, wäre ich zwar wachsam, würde darin jedoch noch keinen Grund sehen, einen Hund abzugeben. Falls ein Hund allerdings wirklich gefährlich ist, falls er immer wieder richtig zubeißt, dann sollte man sich von ihm trennen. Nicht tolerierbar ist außerdem, wenn der Hund nach einem Biss auch noch nachsetzt und sein Opfer weiter attackiert. Dann ist es – nicht zuletzt mit Blick auf die Kinder in einer Familie – legitim, ihn abzugeben.
Wenn sich seine Aggression nur gegen das Kind richtet, kann man versuchen, ihn in zuverlässig verantwortungsvolle Hände in einem Haushalt ohne Kinder weiterzuvermitteln, oder man bittet einen Tierschutzverein, dies zu tun. Der kann es nämlich meistens besser. Große und starke Hunde, die mehrmals ihre Menschen schlimm gebissen oder gar krankenhausreif zugerichtet haben, sind eine unzumutbare Gefahr für ihre Umgebung und sollten in der Regel eingeschläfert werden. Ein anderer Abgabegrund, der für die Angehörigen immer sehr traurig ist, ist eine Allergie des Kindes gegen den Hund. Auch dann muss man sich in den meisten Fällen schweren Herzens von dem Tier trennen. Zuvor sollten Sie allerdings wirklich ganz sicher sein, dass es sich um eine Allergie gegen den Hund und nicht gegen irgendetwas anders handelt, z. B. Haustaubmilben oder andere Tierhaare.

Wie sollen Kinder Abschied nehmen?

Wenn ein geliebter Hund eines Tages stirbt und die Trauer seiner Menschen groß ist, müssen Hundehalter mit Kindern zusätzlich zum eigenen Schmerz auch noch die traurige Nachricht weitergeben und Trost spenden. Aber wie sag' ich' s meinem Kinde? Sagen Sie in jedem Fall die Wahrheit. Lügen Sie Ihr Kind nicht an, indem Sie beispielsweise behaupten, der Hund sei weggelaufen und habe sich eine neue Familie gesucht, in der es ihm nun auch gut gehe. Das Kind würde sich nur verraten fühlen. Außerdem müssen Kinder früher oder später, natürlich lieber später, lernen, dass es Leben und Tod gibt und Sterben zum Leben dazugehört.
Kinder ab Kindergarten- oder ab Grundschulalter, je nachdem, wie sensibel und betroffen sie sind, sollten auch Abschied nehmen dürfen. Vielleicht – das müssen alle Eltern selbst einschätzen –, vielleicht sollten sie nicht unbedingt bei einer Einschläferung dabei sein, aber doch bei der Beerdigung, so Sie die Gelegenheit dazu in einem Garten oder Grundstück haben. Ältere Kinder können selbst entscheiden, ob sie im Falle einer Euthanasie den Hund auf seinem letzten Weg begleiten möchten.

Wohin mit dem Hund im Urlaub?

Dieses Buch möchte ja Mut zur Hundeanschaffung machen und zeigen, dass es für fast alle Probleme eine Lösung gibt. Für viele reiselustige Tierfreunde sind die Ferien ein derart großes Problem, dass sie deshalb sogar schweren Herzens ganz auf einen eigenen Hund verzichten. Und die so denken, sind oft gar keine Anfänger, sondern gerade die erfahrenen Hundehalter, die jahrelang Hunde hatten und jetzt, nachdem der letzte gerade gestorben ist, endlich einmal reisen wollen, ohne Rücksicht auf ein Tier nehmen oder sich um dessen Betreuung kümmern zu müssen. Langfristig ist das allerdings nur selten eine gute Idee. Denn fast immer wird der Hund schmerzlich vermisst; es fehlt einfach etwas im Leben. Im Alltag – und vielleicht sogar auf Reisen?

Wo ist das Problem?

Noch einmal, weil es wirklich eines der häufigsten und überflüssigsten Hindernisse ist: Wenn Sie gerne mit einem Hund leben, aber dennoch lieber ohne vierbeinigen Anhang verreisen möchten, dann gibt es auch dafür Lösungen. Zugegeben, es nervt, wenn man nicht immer gleich spontan zusagen und einfach irgendwohin fahren kann. Wir nehmen so oft wie möglich unsere Hunde mit, aber immer geht es eben einfach nicht. Städte-

touren oder Skiurlaube eignen sich kaum. Und bei Pauschalreisen mit dem Flugzeug oder Kreuzfahrten sind Hunde nicht erlaubt. Dann müssen wir jedes Mal Freunde finden, die nicht gerade zur gleichen Zeit verreisen (schwierig, wenn die meisten Bekannten gleichfalls schulpflichtige Kinder haben und die Ferien nutzen müssen) und – wie in unserem Fall – keine Katzen haben. Damit es nicht so anstrengend für die Betreuer wird, geben wir unsere Hunde einzeln ab und müssen also immer zwei, früher sogar drei Stellen finden – und auch immer noch jemanden, der unsere Katzen füttert. Das ist zwar wirklich sehr lästig, kann doch aber kein Grund sein, 365 Tage im Jahr keinen Hund zu haben!

Entspannte Siesta in einer netten Hundepension: Dort ist Ihr Hund im Urlaub gut aufgehoben.

Wie finde ich geeignete Hundebetreuer?

Dass man wirklich niemanden findet, ist selten der Fall. Oft ist es so, dass sich die besten Betreuungsmöglichkeiten erst dann eröffnen, wenn man bereits einen Hund hat. Denn wenn Ihre Gäste ihn kennenlernen, wenn Sie Ihren Freunden von ihm erzählen, wenn Sie beim Spazierengehen mit anderen Hundebesitzern ins Gespräch kommen, ergibt es sich ganz oft fast von alleine, dass sich jemand anbietet, ihn mal zu nehmen, wenn Sie wegfahren. Überflüssig zu erwähnen, dass sich die Chancen hierfür immens erhöhen, wenn sich Ihr Liebling gut benehmen kann, verträglich und möglichst auch noch kinderlieb ist.

Falls das nicht klappt oder wenn Ihre (sämtlichen?) netten Betreuer eben auch einmal verhindert sind, dann können Sie notfalls eine Annonce aufgeben, Zettel aushängen (z. B. im Tierheim oder in der Tierarztpraxis) oder machen bei der Aktion »Nimmst du mein Tier, nehm' ich dein Tier« des *Deutschen Tierschutzbundes* mit. Dabei betreuen Tierhalter ihre Tiere gegenseitig. Außerdem helfen die örtlichen Tierschutzvereine bei der Vermittlung von Urlaubsplätzen. Das Internet ist hier wieder einmal eine große Hilfe. Dort finden Sie nicht nur alle Informationen auf der Homepage von »Nimmst du mein Tier, nehm' ich dein Tier«, sondern auch einen Service, der Ihnen private Tierbetreuer in Ihrer näheren Umgebung sucht, wobei Letzteres natürlich

Wenn sich wirklich niemand im Bekanntenkreis findet, der Ihren Hund betreut, sind Tierheim oder – wie hier – Tierpension eine gute Alternative, auch wenn die nicht ganz billig ist.

nicht kostenlos ist. Außerdem gibt es immer noch die Möglichkeit einer Hundepension oder eines Hundehotels. Aber das ist nicht ganz billig. Und ich würde mein Tier nur jemandem anvertrauen, der mir empfohlen worden ist.

Was ist die komfortabelste Lösung?

Vielleicht haben Sie ja auch eine/n zuverlässige/n Nichte/Neffen oder andere vertrauenswürdige junge Leute im Bekanntenkreis, die sich über eine sturmfreie Bude freuen und gerne bereit sind, bei Ihnen einzuhüten. Entspannter können Sie gar nicht abreisen, denn so werden auch gleich noch etwaige andere Haustiere mitversorgt, die Blumen gegossen und der Briefkasten geleert. Es gibt auch professionelle Haus-, House- oder Homesitter-Agenturen, schauen Sie mal im Internet, aber die sind, wie ich finde, viel zu teuer.

Geht auch die Unterbringung in einem Tierheim?

Ja, natürlich, wird doch auch in fast allen Tierheimen eine Urlaubsbetreuung angeboten. Und die ist für einen gesunden und fröhlichen Hund durchaus zumutbar, wenn es sich um ein gutes Tierheim mit liebevollen Pflegern und – auch Sicht des Hundes (!) – angenehmen Räumlichkeiten und vor allem großzügigen Ausläufen und/oder engagierten Gassigängern handelt.

Wenn befreundete Hundehalter Ihre Tiere gegenseitig hüten, ist das natürlich die beste und billigste Lösung. Und mancher Hund hat dann vielleicht sogar noch mehr Spaß als zu Hause.

Es kann aber natürlich Ausnahmen geben: Ganz extrem sensible Naturen mit Verlassensangst, die schon als Fund- der Abgabehund in Tierheim gelandet waren und für die es ein Schock wäre, dort erneut abgeliefert zu werden, würde ich nicht in einem Tierheim unterbringen. Aber dann bleiben ja noch genügend Alternativen, s. o.

Ist das Tierheim eine Alternative?

Ich selbst habe schon einige Male meine Hunde in zwei verschiedene Tierheime meines Vertrauens gegeben. Einmal bat ich

Auch im Tierheim kann es schön sein: Ute Heberer von »Tiere in Not« Odenwald legt großen Wert auf Gruppenhaltung.

darum, die beiden Hündinnen getrennt unterzubringen, denn die superwilde Anna wäre meiner alten, gebrechlichen Fania schrecklich auf die Nerven gegangen. So teilte sich Fania ein »Hundezimmer« mit einem Senior gleichen Temperaments, während Anna nebenan einen hyperaktiven Jack Russell Terrier müde spielen durfte.

Ein anderes Mal brachte ich Anna gemeinsam mit dem leider ziemlich unverträglichen Schäferhund Matteo in ein Tierheim, wo sie für eine Woche gemeinsam einen Zwinger mit kleinem Auslauf bewohnten. Dass Matteo nicht in den großen Freiläufen mit fremden Hunden spielen durfte, wurde durch eifrige Hundeausführer ausgeglichen. Natürlich haben sich alle meine Hunde immer wie wahnsinnig gefreut, wenn sie wieder abgeholt wurden, aber sie haben während der ein oder zwei Wochen unserer Abwesenheit keinen Schaden genommen.

Die Kosten für eine Tierheimunterbringung liegen je nach Größe zwischen 10 und 15, evtl. auch einmal 20 € pro Tag. Das ist in der Regel günstiger als in einer Hundepension. Und es ist ja auch schön, wenn der Tierschutz ein paar Einnahmen bekommt. Denken Sie aber bitte daran, Ihren Hund frühzeitig anzumelden, denn natürlich gibt es gerade in der Urlaubszeit Engpässe. In Ausnahmefällen müssen Tierheime Feriengäste deshalb manchmal auch einmal ablehnen. Die herrenlosen Schützlinge dürfen schließlich nicht unter dem Pensionsangebot leiden.

Ob Tierheim oder Hundehotel, in allen Einrichtungen werden natürlich nur Pensionsgäste mit gültigen Impfungen aufgenommen.

Warum beschreibe ich das so ausführlich?

Immer wieder erlebe ich bei Tierschutzfesten oder anderen Veranstaltungen, bei denen viele Tierfreunde aufeinandertreffen, Szenen

wie die folgende: Während einer Signier-
stunde im Tierheim Bocholt kommt ein Herr
an meinen Tisch, lässt sich ein Buch signieren
und fängt ein Gespräch an: »Ach, meine Frau
und ich, wir hätten ja auch so gerne einen
Hund, aber es geht leider nicht. Wir wollen ab
und zu unsere Tochter in England besuchen,
und unser liebstes Urlaubsziel ist Island, da
können wir keinen Hund mitnehmen. Und wir
haben auch niemanden, der ihn dann nehmen
würde. Das ist so schade!«

»Ja, das ist wirklich sehr schade«, antworte
ich, »zumal ja die Tierheime auch voll sind
und so viele Hunde dringend auf ein neues
Zuhause warten! Überlegen Sie doch mal, ob
es nicht doch irgendwie geht.« – »Nee, wir
haben wirklich keinen, der da mal einspringen
würde«, bedauert er, »und den Hund dann in
ein Tierheim geben, das würden meine Frau
und ich nie übers Herz bringen.«

»Also erstens sind die Tierheime auch nicht
mehr so schrecklich wie früher«, entgegne
ich, »da sitzen die Hunde nicht mehr nur hinter Gittern. Da gibt es freundliche Zwinger
und Ausläufe, Toben mit Artgenossen und
Gassigänger. Und außerdem gibt es genug
Hunde, die keiner will, vielleicht, weil sie
schon etwas älter oder nicht so hübsch sind,
und die lange im Tierheim sitzen. Und für die
ist es doch besser, bei Ihnen und Ihrer Frau zu
sein, selbst wenn sie dann zwei-, dreimal im
Jahr für 14 Tage wieder in ein Heim zurück-
müssen.«

Der Hundefreund wird nachdenklich. Und
darum setze ich gleich noch eins drauf: »Und
denken Sie mal an die vielen Hunde im Süden.
Das sind ganz zauberhafte liebe Kerlchen, die

aber dennoch herrenlos sind, in Tötungsstationen landen und schon in jungem Alter umgebracht werden. Sie würden ein Leben retten, wenn Sie so einen Hund aufnähmen. Sie
würden etwas Gutes tun, selbst, wenn sie ihn
ab und zu im Tierheim parken würden. Was ist
schlimmer: In Malaga vergast zu werden (ich
habe das selbst aus einem Versteck heraus
gefilmt), auf Kreta vergiftet oder in Portugal
erhängt – oder bei Ihnen und Ihrer Frau ein
schönes Leben zu führen und wenige Wochen
im Jahr in einem Tierheim oder einer Hundepension zu verbringen?«

»Ja, von der Seite habe ich es noch gar nicht
gesehen. Da haben Sie recht. Das werde ich
gleich meiner Frau erzählen«, freut sich der
Mann. Und ich bin sicher, wenn die beiden
erst einmal einen (netten!) Hund haben, dann
findet sich bestimmt doch noch ein Hundefan
unter den Freunden oder Nachbarn, der ihn
ab und zu einmal nimmt. Ganz sicher!

Lieber an nette Menschen vermittelt und notfalls
ein paar Wochen im Jahr in einem Tierheim geparkt
zu werden, als überhaupt nie aus dem Tierheim
herauszukommen!!!

Warum nicht gemeinsam verreisen?

Wenn Ihre Reiseziele nicht gerade Länder sind, in denen die Einreise mit Hund ziemlich kompliziert und aufwendig ist, oder ferne Kontinente, die Sie nur nach einem extrem langen Flug erreichen, dann spricht doch einiges dafür, den Hund einfach mitzunehmen. Warum sollten Sie ausgerechnet »die wertvollsten Wochen des Jahres« ohne ihn verbringen? Gerade jetzt haben Sie Zeit für Ihren vierbeinigen Freund. Und es gibt ganz viele Aktivitäten, die man prima gemeinsam machen kann: im Meer schwimmen, am Strand joggen oder im Hinterland wandern – das alles macht mit Hund häufig sogar noch mehr Spaß als ohne.

Zugegeben, es kommt natürlich auch auf den Hund und die Bedingungen vor Ort an. An vielen Stränden, z. B. an der französischen Atlantikküste oder an der italienischen Adria, sind Hunde verboten. Genau wie an vielen Stadtstränden. Aber fast immer gibt es irgendwo einen Hundestrand. Meistens muss man dafür

Besser im Wagen warten als vielleicht am Ende vergessen werden. Auch Matteo gehört zu den begeisterten Autofahrern, die sicherheitshalber immer als Erste einsteigen,

nur ein bisschen weiter laufen. Dafür sind diese Bereiche aber oft auch leerer – und die Menschen netter. Nicht nur im Tierarzt-Warte-zimmer kommt man mit Hundehaltern erfahrungsgemäß schnell ins Gespräch. Allerdings ist es am Hundestrand natürlich ein echtes Handicap, wenn Sie einen unverträglichen Raufer haben.

Für den Fall, dass ein Hund an einem Strand nicht geduldet werden sollte, ist es hilfreich, wenn Sie ein Auto dabeihaben. Dann können Sie einfach wieder wegfahren und sich einen anderen Platz suchen. Außerhalb der offiziell ausgewiesenen Hundestrände sind kleine Hunde generell eher toleriert als große, ganz einfach, weil gerade in südlichen Ländern viele Menschen Angst vor Hunden haben. Das gilt wiederum ganz besonders für Stadt-strände. Ein großer Vorteil ist es zudem, wenn man außerhalb der Hauptsaison unterwegs ist. Klar, das hat ja sowieso viele Vorteile! Selbst Verbotsschilder kann man ignorieren, wenn weit und breit niemand zu sehen ist.

Wäre doch eigentlich schade, wenn man so ein Paradies nicht gemeinsam genießen könnte!

Welche Tipps gibt es für Strandurlaub mit Hund?

Ein paar eigene Erfahrungen mit vierbeinigen Touristen am Strand:

● In Warnemünde an der Ostsee liegt der Hundestrand ziemlich weit außerhalb. Und dort gibt es auch keine Strandkörbe, was natürlich dem Flair eines traditionsreichen norddeutschen Seebades einiges nimmt.

● In Bibione an der Adria ist der Hundestrand viel schöner als die strengen endlosen Son-nenschirm- und Liegestuhlreihen der Hotels, in denen die Pauschalurlauber absteigen und wo nur die Privilegierten in den ersten Reihen überhaupt einen Blicks aufs Meer erheischen. Dagegen geht es auf dem Hundestrand gera-dezu revolutionär zu: Da darf doch tatsächlich jeder seinen (allerdings selbst mitgebrachten) Schirm dorthin stecken, wo er möchte!

● Mit meinem oft unverträglichen Schäfer-hund Matteo hätte ich an einem expliziten Hundestrand schlechte Karten. Aber außer-halb der Hochsaison und in einer vergleichs-weise wenig frequentierten Gegend wie Apulien, wo sich die Italiener noch über jeden Urlaubsgast freuen, waren wir fast überall willkommen und oft nahezu alleine am Strand, sodass ich ihn sogar ohne Leine herumlaufen lassen und mit ihm joggen konnte. Bei Letzte-rem ließen es sich sogar zwei einheimische Rüden nicht nehmen, uns zu begleiten, obwohl Matteo deutlich zeigte, dass er das eigentlich nicht mochte. Aber wenn viel Platz ist und keine hysterischen Herrchen und Frauchen

Faustregel

Je weniger eine Stadt oder Region (oder eben die Reisezeit!) von Pauschalreisen und Massentourismus geprägt sind, desto einfacher ist es, mit einem Hund unterwegs zu sein. Ausnahmen sind Nobel-Badeorte wie Biarritz oder Deauville, es sei denn, Sie machen es wie viele Promis und halten Ihren Hund in der Handtasche. Und das gilt nicht nur für den Strand, sondern auch für Hotelbuchung und Restaurantbesuch.

da sind, wenn die Hunde frei entscheiden können, ob sie weglaufen oder bleiben, dann ist die Lage so entspannt, dass in der Regel nichts passiert.

● Genügend Strände, an denen Sie auch mit (großem) Hund aufkreuzen können, gibt es neben Apulien – ohne Anspruch auf Vollständigkeit – vor allem in Griechenland (auch Kreta), Portugal, Kroatien, Kalabrien, Andalusien, an der nord- und südspanischen Atlantik-

Mein Tipp

Da die Einfuhrbestimmungen der verschiedenen Länder sich durchaus auch ändern können, sollten Sie sich sicherheitshalber immer noch einmal rechtzeitig vor Abreise bei der Botschaft Ihres Reiszieles nach dem aktuellen Stand erkundigen.

küste, in der Türkei, in der Camargue sowie auf Korsika, Sardinien oder Sizilien. Wem es im Süden zu heiß ist, dem empfehle ich Dänemark und Holland.

Welche Papiere braucht ein Hund grundsätzlich?

Unverzichtbar ist ein Impfpass mit eingetragener gültiger Tollwutimpfung. Obwohl ja innerhalb der EU die Grenzen eigentlich offen sind, sollten Sie sicherheitshalber nie ohne den blauen EU-Heimtierausweis ins Ausland reisen. Erstens ist es seit 2004 schlichtweg Vorschrift, und es könnten ja doch plötzlich aus irgendeinem Grund Pässe kontrolliert werden. Zweitens sollten Sie jederzeit einen Beweis für eine aktuelle Tollwutimpfung mit sich führen. Dafür gibt es wiederum zwei Gründe: Erstens ist es für den Fall, dass Ihr Hund – in welcher Situation auch immer – jemanden beißt, sehr hilfreich, wenn Sie die besorgte, ja manchmal sogar hysterische Gegenseite schon einmal dahingehend beruhigen können, dass dieser Biss zu keiner Tollwutansteckung geführt haben kann. Zweitens ist es zwar unwahrscheinlich, aber nicht vollkommen ausgeschlossen, dass einmal irgendwo ein Tollwutfall auftritt. Dann ist in diesem »tollwutgefährdeten Bezirk« jeder ungeimpfte Hund *in* Gefahr und *eine* Gefahr. Insofern müssen Sie die Tollwutimpfung sowieso sicherheitshalber immer auffrischen.

In der Regel reicht für viele Auslandsreisen der blaue EU-Heimtierausweis mit dem entsprechenden Eintrag. Er löst den früheren gelben Internationalen Impfpass ab. Sollten die letzten Impfungen Ihres Hundes noch in den gelben Pass eingetragen worden, aber noch gültig sein und eine Auslandsreise bevorstehen, dann müssen Sie die Impfdaten von Ihrem Tierarzt in den neuen blauen EU-Ausweis übertragen lassen. Falls Sie niemals mit Ihrem Hund eine Staatsgrenze überschreiten werden, ist das überflüssig, und es langt, wenn Sie weiterhin den alten gelben Impfausweis haben.

Kann man einen Hund auch mit in den Skiurlaub nehmen?

Nicht nur beim sommerlichen Wanderurlaub, bei dem es ja geradezu sträflich wäre, einen Hund nicht mitzunehmen, sondern auch in Skiorten sieht man immer öfter vierbeinige Touristen. Ein Grund dafür mag sein, dass inzwischen vielerorts eine stundenweise Hundebetreuung angeboten wird. Das kostet natürlich etwas, ermöglicht dann aber doch immerhin, dass alle Familienmitglieder gleichzeitig und gemeinsam Ski fahren können. Es gibt aber auch eine Lebensphase, in der sowieso nicht alle Familienmitglieder gleichzeitig auf den Brettern stehen können, nämlich dann, wenn Sie hochschwanger sind oder mit Baby oder Kleinkind reisen. In der Regel muss ein Kind um die drei Jahre alt sein, bevor es in den Ski-Kindergarten oder in den ersten Kurs gehen kann. Junge Eltern können also nach jeder Geburt bis zu drei Skisaisons einplanen, in denen ohne größeren Aufwand auch ein Hund mitfahren kann. Derjenige, der

Winterurlaub mit Hund ist »in«: In den Skiorten sieht man immer mehr Hunde-Touristen.

gerade »Baby-Dienst« hat und statt steiler Abfahrten geruhsame Spaziergänge durch die wundervoll verschneite Alpenlandschaft unternimmt (das Kind soll ja an die frische Luft!), derjenige hat dann natürlich auch den Hund. Und der Hund kann den Ausflug sogar noch viel unbeschwerter genießen als sein Begleiter, trauert er doch nicht neidvoll einem verlorenen Pistentag nach.

Wie steht's mit Langlauf?

Einfacher als ein alpiner ist natürlich ein Langlauf-Skiurlaub mit einem Hund zu kombinieren. Denn im Gegensatz zu den Pisten ist es

Fanias rote Abfahrt

Bei einem Skiurlaub in Toggenburg mochte sich mein Mann an einem der Tage, an denen er mit Kinderhüten dran war, nicht mit einem geruhsamen Spaziergang durch die verschneite Winterlandschaft begnügen. Stattdessen wollte er sich mit unserem damals zweijährigen Sohn und einem anderen Familienvater, der gleich zwei Kleinkinder zu betreuen hatte, mittags mit uns Frauen und den größeren Kindern oben auf der sonnigen Bergstation zum gemeinsamen Essen treffen. Dazu mussten die beiden Männer drei kleine Jungs und unsere große spanische Galgo-mischlingshündin Fania, die wir Jahre zuvor aus der Tötungsstation von Almeria gerettet hatten, in eine ziemlich kleine Gondel verfrachten. Oben angekommen, zeigte die entsetzte Fania an der Art und Geschwindigkeit, mit der sie aus der wackeligen Kabine sprang, dass für den Rückweg eine andere Lösung gefunden werden musste. »Ich fürchte, die steigt da nicht mehr ein. Was machen wir denn jetzt?«, fragte mein Mann. Seine Sorge war berechtigt. Zwar hatte Fania ihren Schock schnell überwunden, freute sich über die Familienzusammenführung und sprang fröhlich durch den Schnee. Als es aber nach der Mittagspause wieder zur Gondel gehen sollte, zeigte sie sich ausgesprochen bockig und ließ keinen Zweifel daran, dass sie keinesfalls ein zweites Mal in dieses schwebende Riesenei einsteigen würde.

»Du musst mit ihr die Talabfahrt machen und sie mir nach unten bringen«, resignierte mein Mann. Das ist verboten. Aus gutem Grund dürfen Hunde nicht auf Skipisten herumrennen. Und das ist selbstverständlich auch absolut richtig so. Weil an diesem Tag und zu dieser Uhrzeit an der Talabfahrt jedoch so gut wie gar nichts los war und ich zudem die Möglichkeit hatte, immer ganz am Rand der breiten Pisten zu fahren, haben wir es ausnahmsweise einmal gemacht.

Die kluge Fania hat die Situation sofort richtig eingeschätzt und lief unglaublich brav und diszipliniert immer genau in meiner Skispur. Die Männer konnten es von der Gondel aus von oben genau beobachten und amüsierten sich köstlich. Es muss ausgesehen haben, als ob sie mit meinen Skiern verbunden gewesen wäre; jeden Bogen lief sie exakt nach. Es war eine wundervolle lange Abfahrt. Die wenigen Skifahrer, die wir trafen, lachten uns zu meiner großen Erleichterung freundlich zu. Unten angekommen, warteten die Männer schon und applaudierten der sichtlich stolzen Fania. Sie hatte ihre erste (und letzte) rote Abfahrt hinter sich gebracht. Schade (aber – wie gesagt – völlig verständlich), dass man das normalerweise so nicht machen kann. Denn es ist herrlich, ein tolles Erlebnis mit einem Hund teilen zu können. Rückblickend war diese Erfahrung mit unserer Fania für mich sogar der schönste Moment in diesem Skiurlaub – ein kleines Abenteuer, das uns noch mehr verbunden hat und das nicht möglich gewesen wäre, wenn wir die Hündin zu Hause gelassen hätten. Hundefreunde verstehen das. Andere wahrscheinlich nicht. Aber die lesen dieses Buch sowieso nicht.

Gemeinsam Sport treiben tut allen gut und ist eine herrliche Erfahrung. Vor allem Skilanglauf eignet sich dafür ganz besonders – wenn man die richtigen Strecken und Loipen kennt.

auf manch ausgewiesener Loipe erlaubt, einen Hund mitlaufen zu lassen. Etwas Schöneres kann es kaum geben: Gemeinsam gesunden Sport zu treiben und abends gemeinsam verdienstvoll müde zu sein, das ist natürlich ideal. Erkundigen Sie sich beim bzw. vor dem Buchen bei Fremdenverkehrsämtern oder im Internet nach Langlaufloipen, auf denen Hunde erlaubt sind.

Welche Unterkunft eignet sich?

Da immer mehr Hundehalter immer häufiger mit ihrem vierbeinigen Familienmitglied verreisen möchten, trägt die Tourismusbranche diesem Trend Rechnung. Zumindest in vielen deutschen, österreichischen sowie Schweizer Hotels sind Hunde erlaubt. Das Gleiche gilt für Frankreich, Dänemark und die Beneluxstaaten. Vereinzelt habe ich aber auch schon in türkischen, tunesischen oder ägyptischen Hotels Hundetouristen gesehen. Das waren dann aber Minihunde im Handtaschenformat. Oft sind Hunde nicht in den Speisesälen erlaubt. Sollte Ihr Hund ein Randalierer sein, der möglicherweise etwas kaputt beißt, wenn er alleine im Hotelzimmer auf Ihre Rückkehr wartet, dann würde ich ihn für die doch relativ kurze Zeit eines Frühstücks sicherheitshalber ins Auto tun – falls Sie eines dabeihaben. Eine andere Möglichkeit ist, dem Hund einen schönen Kauknochen zu spendieren, wenn er einmal alleine im Zimmer bleiben muss.

Bei einem Urlaub im Caravan sollten Sie sich vorher erkundigen, auf welchen Campingplätzen Hunde erlaubt sind.

Alles in allem ist eine Ferienwohnung viel praktischer. Wer in südlichen Ländern ein Ferienhaus sucht, in dem Hunde erlaubt sind, muss jedoch mit einer gelinde gesagt rustikaleren Einrichtung und reduzierten Ausstattung rechnen. Zu sehr fürchten die Vermieter, dass ein Hund alles kaputt machte. Das kommt daher, dass im Mittelmeerraum und in Portugal Hunde oft gar nicht ins Haus gelassen werden.

Mein Tipp

Wir haben uns nicht zuletzt wegen unseres (großen) Hundes ein Wohnmobil gekauft.

Wer mit Zelt oder Caravan auf Campingplätze möchte, sollte sich ebenfalls zuvor genau erkundigen, ob hier Hunde erlaubt sind. Das ist übrigens relativ oft der Fall; meistens dürfen die Hunde jedoch nicht abgeleint werden. Um sich zu informieren, ist auch hier das Internet wieder einmal ein Segen!

Was ist das liebste Fortbewegungsmittel eines Hundes?

Das Auto. Die meisten Hunde sind geradezu leidenschaftliche Autofahrer. Wenn sie dazu Gelegenheit haben, sitzen manche von ihnen schon, lange bevor eine Fahrt oder Reise losgeht, drinnen – sicherheitshalber, aus Sorge, sie könnten vergessen werden.
Nur ganz wenige Hunde vertragen das Autofahren nicht oder haben Angst davor.

Was ist mit Bussen und Bahnen?

Auch Zugfahrten sind natürlich möglich. Inwieweit Sie hier entspannt reisen, hängt allerdings von verschiedenen Faktoren ab. Kleine Hunde, die die Zugfahrt in einer Transportbox auf dem Schoß oder unter dem Sitz ihres Menschen verbringen, kosten in Deutschland nichts. Aber wenn Sie aussteigen, haben Sie dann die sperrige Box im Gepäck, denn auch kleine Hunde laufen bekanntlich auf den eigenen vier Pfoten. Vor großen Hunden haben andere Fahrgäste häufig Angst und strafen deren Menschen mit unfreundlichen Blicken. Und wenn der Zug überfüllt ist, dann müssen

Sie sehen, wo und wie Sie Ihr Tier unterbringen, ohne dass es anderen im Weg liegt.
In Deutschland, wo das Zugfahren vergleichsweise teuer ist, regen sich immer Hundehalter darüber auf, dass sie für einen Hund zwar eine Kinderfahrkarte lösen müssen, aber auch als Dauernutzer keine Bahncard für ihn kaufen können. Für Kinder geht das dagegen schon. Aber aus Sorge, andere Fahrgäste könnten sich durch Hunde gestört fühlen, hat die Bahn leider gar kein Interesse daran, Tierhaltern günstige Angebote zu machen. Schade für die Tierfreunde, die gerne umweltfreundlich reisen möchten!
In südlichen Ländern müssen Hunde in öffentlichen Verkehrsmitteln häufig Maulkorb tragen. Deshalb sollten Sie sicherheitshalber einen passenden Maulkorb dabeihaben, falls Sie Busse oder (U-)Bahnen, mit (unübersehbar großem) Hund benutzen wollen. In Italien müssen Hunde auch in der Seilbahn einen Maulkorb tragen. Vielleicht haben die Betreiber Angst, ein Hund könnte eine Art Höhenkoller bekommen und dann um sich beißen. Wie auch immer, in solchen Fällen können Sie einen Maulkorb am Fahrkartenschalter ausleihen.

Von allen Fortbewegungsmitteln ist das Auto für Hunde sicher am besten geeignet.

Was ist bei Fähren und Schiffen zu beachten?

Wenn ein Hund nicht von klein auf daran gewöhnt ist, ein Schiff zu betreten, dann könnte es gerade bei kleineren Booten sein, dass es ein wenig Überredungskunst bedarf, ihn zum Einsteigen zu bewegen. Wenn er Ihnen jedoch

Auch eine Bahnfahrt ist mit Hunden möglich. Die Kleinen reisen in der Box und kosten nichts.

vertraut und daran gewöhnt ist, Ihnen in jeder Hinsicht zu folgen, und wenn Sie nicht zu viel Aufhebens um die ungewohnte Situation machen, sondern ihm das Ganze als große Selbstverständlichkeit verkaufen, wird es klappen. Hoffentlich ist der oder die See nicht zu wild, damit der Hund dieses Fortbewegungsmittel nicht gleich als schlechte Erfahrung abspeichert. Mein Schäferhund Mikis hat mit großer Freude Ausflüge auf kleinen Booten mitgemacht, aber er ist sogar gesurft und war grundsätzlich der Meinung, dass alle Fahrzeuge auf der Welt in erster Linie für Hunde erfunden worden sind!

Auf Mittelmeerfähren sind Hunde fast immer erlaubt. Meist brauchen sie allerdings ein eigenes Ticket und dürfen nicht alle Bereiche des Schiffes (Kabine, Cafeteria, Restaurant) betreten. Außerhalb der Hauptsaison, wenn die Fähren vergleichsweise leer sind, wird dies jedoch oft locker gehandhabt. Es gibt aber auch noch Fähren (z. B. zu den Balearen), auf denen Hunde entweder im Auto bleiben oder in einen Zwinger an Deck müssen. Auch auf Fähren ist es wieder ein Vorteil, mit einem Wohnmobil unterwegs zu sein. Guten Gewissens haben wir da unsere alte Fania lieber im Auto gelassen, wo sie die Strecke Genua – Sardinien gemütlich verschlafen konnte. Das geht natürlich auch mit anderen Autos, Hauptsache, der Hund ist daran gewöhnt, hat genug Platz sowie einen gefüllten Trinknapf und war zuvor Gassi. Ganz wichtig ist ein Schattenplatz. Eine Kabine können Sie mit Hund nicht mieten. Sehen Sie das positiv. Eine Deckpassage spart Geld.

Bei Fahrten über mehrere Tage, z. B. zu den Kanaren oder von Venedig oder Ancona nach Griechenland, stellt sich jedoch das Problem des Gassigehens. Es gibt bestimmte Uhrzeiten, in denen Sie an Ihr Auto dürfen. In der Garage muss Ihr Hund dann möglichst schnell irgendwo das Bein heben. Anders geht es auf hoher See nicht. Auch ein Häufchen ist natürlich wichtig; das müssen Sie dann eben entsorgen. Das macht man, indem man sich eine Plastiktüte über die Hand stülpt, damit dann nach dem Kot greift und dann die Tüte auf die andere Seite und dabei die Hand herauszieht. So kann man überall Häufchen entsorgen, ohne sie mit der Hand zu berühren und ohne irgendwelche Utensilien mit sich führen zu müssen.

Ein Häufchen in der Tüte erspart einen Haufen Ärger

Die geniale Tütchen-Methode bietet sich selbstverständlich nicht nur auf Schiffen an. Hundehäufchen müssten kein permanentes Thema und Ärgernis sein, wenn überall so verfahren würde. Immer häufiger sieht man ja sogar die praktischen Beutelspender und -automaten. Da braucht der Hundehalter nicht einmal mehr ein Tütchen dabeizuhaben. Vor allem in der Schweiz sind sie bereits nahezu flächendeckend verbreitet. Aber es geht, wie gesagt, auch ohne, und ich kann gar nicht verstehen, warum es immer noch so rücksichtslose Hundebesitzer gibt, die die Hinterlassenschaften ihres Tieres einfach ignorieren.

Erfahrungen mit Hund an und über Bord

Große Schiffe und Fähren sind aus Hundesicht normalerweise kein Grund zum Misstrauen. Trotzdem sollten Sie Ihren Vierbeiner während der Fahrt immer gut an der Leine festhalten, damit es Ihnen nicht ergeht wie einer Bekannten: Deren Hund hatte auf der Fähre, die den Grenzfluss zwischen der Algarve und Andalusien überquert, überraschend entschieden, dass ihm diese Fahrt doch nicht ganz geheuer ist. Beherzt sprang er in den Rio Guadiana, um wieder ins portugiesische Vila Real zurückzuschwimmen. Es folgte aufgeregtes Geschrei seitens der Touristen, während der spanische Kapitän ganz ruhig wieder kehrtmachte und den Ausreißer netterweise erneut an Bord nahm. Keine Selbstverständlichkeit im Land des Stierkampfes!

Für ganz Nervenstarke geht auf mancher Strecke auch Gassigehen an Land. Beispiel Griechenland: Die Fähre von Piräus nach Santorini ist je nach Fahrplan bis zu 12 oder 13 Stunden unterwegs, legt jedoch unterwegs mehrmals an verschiedenen Ägäis-Inseln an. Auf der Strecke von Gythio im Süden der Halbinsel Peloponnes nach Chania auf Kreta steuerte unsere Fähre zwei Inseln an. Auf der ersten raste Mikis mit mir an der Leine vom Schiff, suchte sich am kleinen Hafen einen Platz zum Beinheben und »löste« sich, ganz gegen Rüdensitte, ein einziges Mal lange und gründlich, um danach sofort wieder kehrtzumachen und aufs Schiff zurückzudrängeln. Stunden später an der zweiten Insel machte er es noch einmal ganz genauso, hinterließ diesmal jedoch einen Haufen, den ich gerade noch entsorgen konnte, bevor er mich abermals zurück zur Fähre zog. Mit angehaltenem Atem hatte mein Mann das Ganze vom Deck aus beobachtet. Ich bin nicht sicher, ob ich diesen Nervenkitzel zur Nachahmung empfehlen sollte. Hatte ich schon erwähnt, dass mein Mikis der pfiffigste Reisebegleiter der Welt war?

Länger als eine Nacht haben wir keinen Hund während einer Fährfahrt im Auto gelassen. Auf der Strecke Patras–Ancona kam Mikis mit an Deck. Eingekuschelt in Schlafsäcke, haben wir unter dem Sternehimmel der südlichen Adria besser geschlafen als unsere hundelosen Freunde in ihrer stickigen Kabine.

Wann darf ein Hund als Handgepäck mitfliegen?

Kleine Hunde dürfen genau wie Katzen oder Kleintiere in einer Box als Handgepäck mitfliegen – wenn die Fluggesellschaft das erlaubt. Jede handhabt das anders, ja mitunter hat sogar eine Airline an ihren unterschiedlichen Zielflughäfen jeweils eigene Regeln, denn die hängen bisweilen auch von den Ländern ab. Erkundigen Sie sich also immer noch einmal ganz genau, bevor Sie buchen oder vielleicht einen Hund aus dem Ausland mit nach Hause nehmen möchten. So dürfen zum Beispiel bei keiner Fluglinie unbegrenzt viele Tiere im Passagierraum mitreisen. Es kann also sein, dass Sie Ihren Hund nicht als Handgepäck mitnehmen dürfen, obwohl er die richtige Größe dafür hätte, wenn bereits einige andere Tiere angemeldet sind. Also frühzeitig buchen! Und die Nebensaison ist wieder einmal von Vorteil!

Ein paar Regeln kann man jedoch als allgemein üblich weitergeben:

- Der Handgepäck-Hund darf einschließlich seiner Box manchmal bis zu 5 kg, manchmal aber auch bis zu 8 kg wiegen.
- Die Box oder Tasche muss luftdurchlässig und wasserundurchlässig sein. Bei Lufthansa darf sie die Maße 55 x 40 x 20 cm nicht überschreiten.
- Offiziell muss das Behältnis samt Insasse während des ganzen Fluges auf dem Boden stehen.

Ich habe aber bei ganz verschiedenen Airlines schon erlebt, dass die Tiere nach dem Start aus ihrer Box herausgeholt und auf den Schoß gesetzt wurden. Wenn nicht jeder Platz besetzt ist, nicht gerade gegessen wird und das Tier in der Box sehr unruhig ist, dann können Sie es ja versuchen. Mehr, als dass die Flugbegleiter Sie auffordern, Ihren Liebling wieder zurück in seine Tasche zu stecken, kann schließlich nicht passieren.

Bei manchen Billigfliegern dürfen grundsätzlich keine Tiere mitgenommen werden.

Wichtig

Egal, ob der Hund als Handgepäck oder im Gepäckraum reist: Da Flugreisen meistens ins Ausland führen, sollten Sie vor lauter Transportvorschriften bitte nicht den gültigen EU-Heimtierausweis vergessen!

Wann muss der Hund im Gepäckraum reisen?

Nach Angaben der Airlines sind die Frachträume ihrer Flugzeuge druckreguliert, schallisoliert sowie permanent beleuchtet und klimatisiert, wobei die Durchschnittstemperatur zwischen 20 und 25 °C liegen soll. Ich habe mir zur Gewohnheit gemacht, beim Betreten des Fliegers noch einmal explizit darauf hinzuweisen, dass lebendige Tiere an Bord sind, und nachzufragen, ob der Gepäckbereich denn auch wirklich darauf eingestellt ist. Kann ja nicht schaden.

Eine Flugreise im Gepäckraum sollte nur gesunden und nervenstarken Tieren zugemutet werden, wobei abzuwägen ist, ob der damit verbundene Stress auch wirklich verhältnismäßig ist. Für ein paar Tage Urlaub würde ich keinem Tier einen Flug im Gepäckraum zumuten, der länger als fünf Stunden dauert. Wenn auf einen Hund jedoch am Reiseziel ein wunderschönes Ferienhaus mit Garten wartet, in dem er gemeinsam mit seinen Menschen wochen- oder monatelange überwintern darf, dann lohnt es sich natürlich schon.

Hunde auf Flughäfen ziehen immer meine Aufmerksamkeit auf sich. Dort habe ich häufig beobachtet, wie Hunde, weil sie daran gewöhnt sind, völlig relaxt in ihre Box steigen, wenn es so weit ist, d. h., wenn ihre Menschen den Sonderschalter (nur in größeren Flughäfen) erreichen und sie nun abgeben müssen. Und sie kommen – erstaunlicherweise – auch genauso entspannt an. Mein Matteo wollte jedoch am Flughafen von Catania keinesfalls in seine Box, obwohl wir die größte (und wahrscheinlich teuerste) von ganz Sizilien gekauft und sie innen mit Schinken eingerieben und mit Salamischeiben verziert hatten. Wir mussten ihn zwingen und hatten ihm ein ganz leichtes Beruhigungsmittel verabreicht. Obwohl er gesundheitlich in sehr schlechtem

Transporttaschen aus Stoff sind gemütlicher und leichter und können vor und nach Gebrauch auch einmal in den Koffer gestopft werden. Ob sie aber von den Fluggesellschaften als wasserundurchlässig anerkannt werden, ist die Frage und vielleicht ein Risiko.

Zustand war, hat er den Flug Gott sei Dank sehr gut verkraftet. Er musste aber nie wieder fliegen. Die Box haben wir dann dem Verein »Tierschutz ohne Grenzen« gespendet. Normalerweise raten Tierärzte, auf ein Beruhigungs- oder gar Betäubungsmittel ganz zu verzichten. Die Dosierung ist heikel, die Wirkung nicht immer vorhersehbar und kann bei gestressten Tieren sogar ins Gegenteil umschlagen. Und es ist anzunehmen, dass die

Hunde auch ohne Medikamente beim gleich-
förmigen Motorengeräusch schnell einschla-
fen. Hoffentlich.

Auch die Gepäckraum-Transportbox muss
natürlich luftdurchlässig und flüssigkeits-
undurchlässig sein – und so groß, dass der
Hund darin aufrecht stehen und sich einmal
um sich selbst drehen kann. Legen Sie etwas
hinein, das nach Ihnen riecht. Und saugfähi-
ges Zeitungspapier ist besser als eine Decke,
denn sollte der Hund urinieren, trocknet das
schneller. In die Box kommen keine Kauknochen oder sonstige Spielsachen, an denen sich ein aufgeregter Hund verschlucken
könnte!

Was kostet ein Hund im Flugzeug?

Bei vielen Fluggesellschaften kosten Klein-
hunde im Handgepäck nichts extra; bei anderen aber schon. Auch Reisen im Gepäckraum berechnen die Fluggesellschaften
unterschiedlich: Manchmal gibt es feste
Preise pro Kilogramm Gewicht, wobei auch
die Box mitgewogen wird. Manchmal sind die
Airlines so fair und verrechnen den Hund mit
Ihrem anderen Gepäck. Wenn also mehrere
Familienmitglieder oder Freunde weniger als
20 kg Gepäck dabeihaben, können Sie Glück
haben und einen Hund sogar ohne Zusatzkos-
ten mitnehmen.

Für Hunde, die (von klein auf) daran gewöhnt sind, ist es kein Problem, vor einem Flug in ihre Box zu
steigen, vor allem, wenn sie keine schlechten Erfahrungen damit verbinden.

Nachwort

Leider leben unsere Haustiere nicht so lange wie wir. Und diese deutlich geringere Lebenserwartung führt zwangsläufig dazu, dass diejenigen, die den Großteil ihres Lebens durch ein Tier bereichern wollen, gleich mehrmals Abschied nehmen müssen. Viele Hundehalter wollen davon gar nichts hören. Aber es wird früher oder später einmal der Fall sein. Ein Hund kann je nach Größe, Rasse oder Mischung – optimistisch betrachtet – ein Alter zwischen 10 und 16, im Höchstfall vielleicht 17 Jahren erreichen.

Und da ich ja hoffe, dass möglichst viele Hundefreunde auch bereit sind, ein erwachsenes oder bereits älteres Tier aufzunehmen, kommt auf diejenigen, die das tun, natürlich sogar noch ein häufigerer und früherer Abschied zu. Aber lassen Sie sich davon bitte nicht von der guten Tat abhalten. Nur wer bereit ist, in Kauf zu nehmen, dass es ihm natürlich schlecht gehen wird, wenn der eigene Hund eines Tages stirbt, kann zuvor genießen, mit ihm das Leben zu teilen.

Sehen Sie es als Glück an, dass Sie einander hatten. Seien Sie dankbar für jeden Moment. Rufen Sie sich die Bilder und Erinnerungen aus guten Zeiten ins Gedächtnis. Wann und wo haben Sie Ihren Hund zum ersten Mal gesehen? Was hatte er für lustige Angewohnheiten? Was hat er alles angestellt? Seien Sie froh, dass es all diese Momente gab. Die sind ein wahrer Schatz.

Trauer und Glück sind so untrennbar miteinander verbunden wie Liebe und Leid – banal, aber schlichtweg wahr. Bitte lassen Sie den guten Platz bei sich nicht verwaist. Lassen Sie einen anderen Hund in den Genuss kommen, die Stelle Ihres Hundes einzunehmen. Keinesfalls wird er den verstorbenen Hund ersetzen können, aber es wird schön und tröstlich sein, wenn wenigstens wieder ein Hund im Haus ist!

Glücklich mit Hund – ja. Auch wenn der anhängliche Schäferhund Matteo und die kleine Krawallschachtel Anna manchmal ganz schön anstrengend sein können …

Literaturhinweise – zwölf wirklich gute Tipps

Auster, Paul: *Timbuktu*. Reinbek: Rowohlt, [1]1999
(Endlich einmal ein Roman, der sich zweier Streuner annimmt: Es sind zwei Freunde auf sechs Pfoten, ein Obdachloser und sein treuer Begleiter. Aber nach dem Tod seines Menschen muss sich der Hund alleine durchschlagen. Schön, aber tränenreich zu lesen!)

Baumgart, Liesel: *Willkommen Hundebaby. Alles, was Sie für den gemeinsamen Alltag wissen müssen*. München: BLV Verlag, [1]2009

Bloch, Günther, und Radinger, Elli H.: *Wölfisch für Hundehalter. Von Alpha, Dominanz und anderen populären Irrtümern*. Stuttgart: Franckh-Kosmos, [1]2010

Frank, Astrid: *Kummer auf vier Pfoten*. Ravensburger, [1]1999
(Belletristik für Kinder: Eine tolle, sehr empfehlenswerte und einfühlsame Schilderung eines ganz typischen Schäferhund- und Tierheimschicksals für junge Leser.)

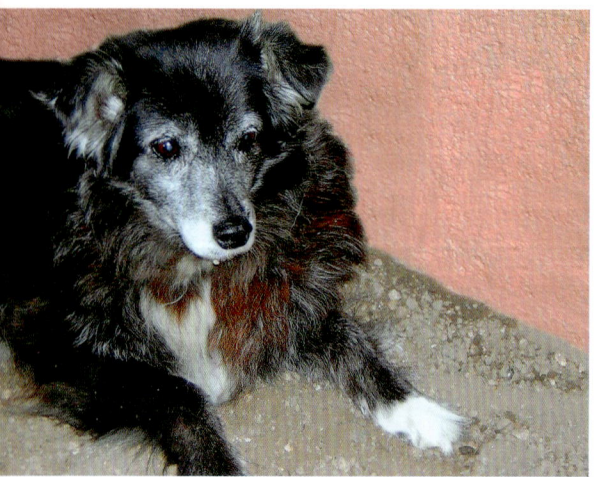

Fundhündin Selina aus Selinunt auf Sizilien entpuppte sich als wahrer Engel auf vier Pfoten: Unglaublich lieb, clever, bescheiden und anpassungsfähig, wie sie war, hat sie fast 15 Jahre lang nur Freude gemacht.

Gezeck, Christiane: *Wo, bitte, geht's nach Hause?* Niebüll: Videel, [1]2002
– *Fortuna heißt Glück*. Niebüll: Videel, [1]2003
– *Wege aus der Dunkelheit*. Niebüll: Videel, [1]2003
(Der Verkaufserlös dieser *Geschichten für Tierfreunde*, so der Untertitel der Trilogie, kommt komplett dem spanischen Tierschutzverein ALBA Madrid zu Gute und erzählt die Abenteuer und Schicksalsschläge verschiedener Hunde, was sich jedoch gleichfalls kaum tränenlos bewältigen lässt!)

Lübbe, Perdita (Text und Idee), und Borchert, Claudia: *Bill nein!* Comic. Boddin: Kunsthaus Verlag, [1]2004
(Bill ist ein Hund und denkt, sein Name sei »Bill-Nein!«. Man kann sich denken, warum. Ein köstlicher Lesespaß! – Nicht nur die, die schon mit Hundetrainern und deren unterschiedlichsten Thesen, Theorien und Methoden zu tun hatten, werden sich kaputt lachen.)

Lübbe, Perdita, Loup, Frauke, und Rieger, Alice: *Unser Welpe. Auswahl und Eingewöhnung. Haltung, Pflege und Ernährung – Sozialisierung, Erziehung und Beschäftigung*. Stuttgart: Franckh-Kosmos, [1]2006

Nöstlinger, Christine: *Hundegeschichten vom Franz*. Hamburg: Oetinger, [1]1996
(Diese äußerst unterhaltsame Lektüre richtet sich an Kindergarten- und Grundschulkinder und eignet sich dabei vor allem für diejenigen, die Angst vor Hunden haben.)

Rohn, Christiane: *Man nennt mich Hundeflüsterin. Die Geheimnisse der Verständigung mit dem Tier*. Weggis (CH), [1]2004

Schöps, Rosemarie: *Meine Kekse! Rezepte für gesunde, allergenfreie Hundebelohnungen*. Nerdlen/Daun: Kynos, [1]2010

von der Leyen, Katharina: *Dogs in the City*. Stuttgart: Franckh-Kosmos, [1]2009

von der Leyen, Katharina: *Partnerhunde. So finden Sie den Hund, der zu Ihnen passt*. München: BLV Verlag, [1]2010

Stichwortverzeichnis

Über die Autorin

Dr. Claudia Ludwig studierte Germanistik, Geschichte, Politik und Pädagogik und promovierte in Neuerer Literaturwissenschaft. Seit vielen Jahren arbeitet sie als Redakteurin, Reporterin und Autorin für den HR und den WDR und ist vor allem als Moderatorin der erfolgreichen wöchentlichen Sendereihe *Servicezeit: Tiere suchen ein Zuhause* im WDR Fernsehen bekannt geworden. Neben ihrer Tätigkeit als Fernsehjournalistin hat sie zahlreiche Bücher über (Haus-)Tiere, insbesondere über Hunde, geschrieben. Claudia Ludwig ist verheiratet und lebt mit drei Kindern, drei Katzen und zurzeit leider nur zwei Hunden in der Nähe von Frankfurt am Main.

Für Charlotte

Bibliografische Information der Deutschen Nationalbibliothek

Die Deutsche Nationalbibliothek verzeichnet diese Publikation in der Deutschen Nationalbibliografie; detaillierte bibliografische Daten sind im Internet über http://dnb.d-nb.de abrufbar.

BLV Buchverlag GmbH & Co. KG
80797 München

© 2010 BLV Buchverlag GmbH & Co. KG, München

Bildnachweis:
Boiselle: 1or, 41o, 41m; Borth: 139; De Meester J./Arco Images GmbH: 114, 120; Deforth: 7, 141, 159
Farkaschovsky H./Arco Images GmbH: 129o
Firmenich/Tierschutz Siebengebirge: 4ul, 16o, 17o, 21, 24, 35, 36, 37, 38, 41u, 44, 49, 59u, 60, 61, 62, 68, 74, 78, 83, 88, 92, 99o, 99u, 103, 108, 124, 125, 128, 130, 137, 143, 145; Gettyimages/Ch. Ommanney: 18
Haag: 81; Helmich: 22; Ipo Bildagentur: 5ml, 5mr, 110, 115o, 115u, 122, 149o; Juniors Bildarchiv: 1, 2/3, 4ol, 4or, 5ol, 6, 8, 9, 10l, 14, 25, 28, 29, 30, 32, 34r, 48, 59o, 65, 71, 90, 93, 100, 109, 123, 129u, 132, 134, 140, 141, 148; Juniors Bildarchiv/Biosphoto/J.-L. Klein & M.-L. Hubert: 5u, 40, 87, 107, 116, 136; Juniors Bildarchiv/Biosphoto/J.-M. Labat & F. Rouquette: 42, 67
Juniors Bildarchiv/Biosphoto/Michel Gunther: 23
Ludwig: 15, 17u, 20, 27, 46, 47l, 47r, 50l, 52, 54, 64, 69, 101, 105, 118, 126, 142, 156; NPL/Jane Burton/Arco Images GmbH: 77; Pick: 89; Reinhard: 5or, 39, 104
Reinhard H./Arco Images GmbH: 85
Schanz: 4ur, 43, 66, 72, 73, 76, 80, 91, 97, 138, 147, 149u, 154, 158; Steimer C./Arco Images GmbH: 5or
Stuewer: 51, 75, 111, 133, 151; Weber A./www.hundplus.de: 121; Wegner P./Arco Images GmbH: 11, 16u, 26, 34l, 56l, 58, 84, 95, 96, 113, 117, 153; Willemeit M./Arco Images GmbH: 56r
www.nothilfe-polarhunde.com: 12

Umschlagfotos:
Vorderseite: Sascha Deforth
Rückseite: Juniors Bildarchiv

Lektorat: Dr. Friedrich Kögel
Herstellung: Angelika Tröger
DTP: Uhl + Massopust GmbH, Aalen

Gedruckt auf chlorfrei gebleichtem Papier

Printed in Germany
ISBN 978-3-8354-0713-8

So wird Ihr Hund ganz schnell gesund

Dr. med. vet. Jochen Becker
Was fehlt denn meinem Hund?
Die Entwicklung des Hundes vom Welpen bis zum Senior, ausgewogene
Ernährung, Erste Hilfe bei Verletzungen · Genaue Anleitungen zur Vorbeugung
und Selbstbehandlung – mit Entscheidungshilfe, ob ein Tierarztbesuch nötig
ist · Auch für medizinische Laien ganz leicht verständlich.

ISBN 978-3-8354-0603-2

Bücher fürs Leben.